純米酒　匠の技と伝統

上原 浩

角川文庫
19095

純米酒　匠の技と伝統

目次

第4章

写　真　牧田健太郎
撮影協力　神亀酒造株式会社・株式会社釜屋
図版作成　村松明夫

はじめに

酒造りはわが国の長い歴史の中で培われた伝統的な文化である。それも並行複発酵という、世界にも他に類例のない特異な発酵メカニズムを持ち、かつ多湿なモンスーン気候帯ならではの特徴を持っている。これは日本が世界に誇れる文化なのである。

しかしながら、その食文化の華となる日本酒の現状は、といえば、いささか心もとない状況である。酒は嗜好品《しこう》だから世の移ろいとともに変わるものだ、という人もいる。凋落《ちょうらく》の原因を戦後の農業構造の変化や食生活の変化に求めるのはたやすいが、それでは本質的な問題の解決にはならない。

おそらく農耕の起源と同じくして酒造りが始まり、単発酵の濁り酒の時代を経て、やがて酛《もと》の概念が生まれ、並行複発酵の技法が考案された。先人たちは腐造の危険と闘いながら現在の酒造りの基礎となる技法が江戸後期に確立された。

酒造りは長い歴史を持つが故に、各地の地場産業として育ち、愛され、親しまれ、その土地の人に合った酒が育ち、「おらが酒」として定着していた。ところが現在、私たちにとって共有財産ともいえる日本酒が、少なからず飲み手から敬遠されて、産業として衰退の一途をたどっているのはなぜだろうか。

戦前までの酒と、現在の酒を比較した場合、安全醸造の面では現在の酒は飛躍的な進歩を遂げている。精米技術と低温発酵技術の革新によって昔には想像すらできなかった高品質の清酒が生産されている。

にもかかわらず受け入れられない理由として、まず第一に、官能より理屈優先、あるいは机上の利益率に寄りかかった造りがまかり通っているからだ。酒は嗜好品であり、飲み物であるから、何より人間の官能優先で造り、その後の研究によって理論的に解明されるべき経験工学なのに、その基本がないがしろにされている。

第二は、見かけの数字合わせの造りに走ろうとする風潮である。伝統産業の技術というものは、一朝一夕には進歩せず、それ故に、長い時間をかけて培われ、完成度を高めていった。そんな技術のなかにはクラシック、古典と呼ぶのにふさわしい、培われて磨き上げられた技術が含まれており、私はそれを「戦前の常識」と呼ぶ。しかし数字から始まる現代の風潮は日本酒本来の清らかさ、力強さ、さわやかさを失わせ、結果として日本酒離れを引き起こす原因になっているような気がしてならない。

たしかに戦中、戦後は米不足で酒造りが難しい時代であった。諸般の事情でアルコール添加、三倍増醸法などが生まれたのは仕方ないとしても、戦後半世紀以上も経ち、豊かな国「ニッポン」となり、食糧事情も大きく変わった現在も、戦時下、戦後のもののないときと同じ状況を前提とした造りが続けられている。根本的に造りに対する姿勢を改め、

「温故知新」の精神で、日本酒のオーソドックスとは何か、日本酒の原点はどこにあるのか、を、いまこそ再考する時期である。

私は太平洋戦争の終わる少し前、広島財務局鑑定部に入り、先輩の酒造技術者の薫陶を受け、管内各地の酒造現場で造りを見て学び、一方で「よい酒を造りたい」という一念で技術指導に明け暮れた。それはいまも変わっていない。

それでも、やればやるほどわからないのが酒造りだ。それだけ奥深いのが酒造りとも言えるだろう。そのなかでいくらかでも私の経験や理論を伝えられたら、と一冊の本にした。日本の酒造りの証言集となり、将来、日本酒のあるべき姿を示唆する啓蒙《けいもう》の書となれば、と思う次第である。

なお読者に「こうやって日本酒が醸されていく」という過程を知ってもらうため、造りの細かな部分の作業や難しい数式などは割愛し、できるかぎりわかりやすい表現で記述した。

上原　浩

第1章　原点回帰——「純米酒」こそが日本酒だ

酒造りが始まった一一月のある日、埼玉県にある小さな酒蔵に男女一〇人のグループが訪ねてきた。酒造りの現場を見たいという。蔵の主は柔和な顔でこのグループを案内する。麹室《こうじむろ》、上槽《じょうそう》（搾り）の現場、醪《もろみ》タンク、狭い蔵をつぶさに見て、グループは土間に戻ってきた。説明役だった蔵主が手にしているのは、この蔵でできた一〇年以上も前の古酒だ。これをグループに振る舞った。ほんわかと口に広がるまろやかな味わい。舌を包むような感触。グループからは一瞬、会話が途切れ、「あっ」というささやき声が漏れる。そして、「こんなに日本酒がおいしいとは」とそれぞれが口にする。蔵主は黙って頷《うなず》いている。

この蔵は「純米酒」しか造っていない。本物の日本酒のおいしさを知ってほしい、という信念で酒造りに立ち向かっている。もちろん米は山田錦、丁寧な造りだ。働いている若者もてきぱきと作業をこなし、はつらつとしている。そして、日本酒を知りたい人には門戸を開き、親切に、本物の酒造りを伝えている。

さていまや街の酒販店には地酒もナショナルブランドの大手メーカーの酒も、一升瓶から紙パックまでたくさん棚に並んでいる。一本一万円を超す大吟醸から一〇〇〇円を切る低価格酒もある。一升瓶の酒でも「生詰め」「あらばしり」「しずく取り」とかいろいろなラベルが貼られている。

このなかから「純米酒」を選んでみよう。まず最初に瓶のラベルをじっくり見てみよう。虫眼鏡で見るような小さな字で「原材料　米・米麹」と表記されているものがある。この二種類だけが原材料として表記されているのが「純米酒」だ。ここに「醸造用アルコール」や「糖類」などの表記があるのはアルコールや糖類を加えた酒で、同じ清酒でも「純米酒」とは別物だ。

この「純米酒」を手に入れたら、じっくり味わってみよう。人肌の燗《かん》もいいだろう。もちろん、冷やで口に含んでもいい。そしてそのとき、酒蔵を訪ねたグループと同じような日本酒への驚きを感じるだろう。「日本酒はおいしい」と……。

純米からアルコール添加へ

いろいろな酒のうちもっとも身近な酒類は「日本酒」で、冠婚葬祭に欠かせないし、盆や正月の食卓には必ずというほど用意される。税法上は日本酒は「清酒」という言葉に置き換えられている。もともと日本各地で醸造されていた「清酒」は米だけで造られていた。これが太平洋戦争を境に大きく変わる。戦後、米がないなどの状況から米だけの日本酒が造れない時代が長く続いた。とともに造り方が大きく変わり、アルコール添加の清酒が増えていった。さらに生産原価が低く造れることから、米の酒の割合が少ない増醸酒となり、〝三倍増醸酒〟なるものまで出るようになった。その後、長い間にわたって日本酒の市場から米だけの酒、「純米酒」は姿を消し、「日本酒といえばアルコール添加の酒」の時代が続いていた。

それが昭和四〇年ごろ、米だけの酒造りの試行が始まった。私の考えを取り入れた鳥取のメーカーが醪一本を造ったのがさきがけだろう。しかし、当時は、この酒ができても、そのままでは出荷できず、できあがった酒をほかの酒に混ぜて売った。当時はまだ市場では米だけの酒の価値や評価もわからず、この酒だけを売ろうとしても何という名前で売っていいのかわからない状況だったからで、このころが「純米酒」という言葉が使われ始めた時期だろう。

その後、吟醸酒ブームが訪れ、昭和六〇年ごろから「純米酒」も注目され始め、本格的な売り出しが始まった。知名度が上がるとともに「純米酒」の生産量も増え、現在に至っている。いまでは清酒全体の一割が「純米酒」になり、徐々に伸びてはいるが、「純米酒再生の歴史」はわずか二五年ほどしか経っていない。

税法上清酒にくくられてはいるが、「純米酒」とアルコールを添加した清酒とは別物と考えるべきだろう。「純米酒」と「アルコール添加酒」との関係は、「麦芽一〇〇％のビール」と「麦芽使用率を下げた発泡酒」の関係に似ている。「麦芽一〇〇％のビール」にあたるのが「純米酒」で、発泡酒はアルコール添加酒や増醸酒にあたる。一般的な発泡酒の麦芽含有率は二五％で、アルコールなどを加えた三倍増醸酒とよく似ている。それでもビールと発泡酒では税率が違い、発泡酒が低く、発泡酒はそれをねらって売り出した製品だ。ところが日本酒の場合、実に不当な話だが、「清酒」という分類で、「純米酒」も増醸酒も同じ税率だ。戦前までは「日本酒」といえば「純米酒」のことで、増醸酒とはまるで違うものだったが、戦後の米不足が隠れ蓑《みの》になって「純米酒」が消え、豊かな時代になっても本物が認められることはなく、税法上は「まがいもの」が日本酒に含まれたままになっている。現在は米だけで日本酒を造れる時代になった。にもかかわらず、依然としてアルコールが「添加物」ではなく、「原料」となって堂々と使われていることこそが問題だろう。

米国ではアルコールを添加していない酒類は「ソフト」としてくくられ、税率が低い。ところがアルコールが添加されていると、「ハード」となって、六～八倍になる。アルコールを添加するかしないか、によって税率がずいぶん違っている。日本では添加の有無よりアルコール度数による税制となっている。こんなことから「アルコール添加」が酒造りで優位を占めているのだ。

■酒税法第三条第三号

「清酒」とは、左に掲げる酒類をいう。

イ　米、米麹及び水を原料として発酵させて、濾《こ》したもの。

ロ　米、水及び清酒かす、米麹、その他の政令で定める物品を原料として発酵させて濾したもの（イまたはハに該当するものは除く）。ただし、その原料中当該政令で定める物品の重量の合計が米（麹米を含む）の重量を超えないものに限る。

ハ　清酒に清酒かすを加えて濾したもの。

※ロの政令で定める物品のなかには、醸造用アルコール、糖類、有機酸、グルタミン酸を代表とするアミノ酸、などが含まれる。

全量純米の蔵元は、わずか数社

昭和三九年の統計では酒造家は四〇〇〇近くあった。それがいまは一六〇〇を切り、三分の一に減っている。いまのままならば数年でこの半分になる。この数字が表わすように清酒業界を取り巻く環境は厳しい。

清酒の消費量が落ち込む速力が大きい。大吟醸も吟醸も本醸造も減っている。清酒全体では年七〜八％、多い年は一〇％減っている。発泡酒に食われているビールも同じで、ビールも毎年七〜八％減っている。このまま推移するとすれば一〇年後に業界がどうなっているかは、すぐにわかるだろう。ただこのなかで消費量がわずかながら増えているのが「純米酒」だ。造るほうも増えて、大手もじりじり純米を造る比率を増やしている。ほかの酒が売れなくなっているのだから、純米に移らざるを得ないという事情が大きいが……。

最近、酒造メーカーのなかには二、三割が「純米酒」で残りがアルコール添加酒というところが増えている。このようなところでは「純米酒」は売れるが、その他の酒が売れず、三年も四年も前の酒を、いまも抱えて経営が苦しくなっている蔵もある。書画骨董《こっとう》ではないので粗末な造りの酒は古くなっても高くならない。しっかりと造られた「純米酒」なら年月を加えれば酒質もよくなるが、アルコール添加など悪い酒は置けば置くほど悪くなる。最後は料理酒に変えるか、焼酎《しょうちゅう》にするか、しかないだろう。

こういった現状から「純米酒」の比率を上げる蔵が多くなっている。小さい蔵などで八割から九割までは「純米酒」を造っている、というところはいくらかある。しかし全部を純米に切り替えるメーカーがほとんどないのが現状だ。それは「原価が急に上がり、これまでの酒と値段に差がつき、高くなるので売れなくなるのでは」と二の足を踏んでいるからだ。

しかし、全国で数えるほどしかないが「純米酒」だけを生産している蔵もある。最初に全量を「純米酒」に切り替えたのは埼玉の「神亀酒造」だ。当時、これは大英断であったが、他メーカーからは「あいつは頭がおかしい」と言われていたほどだ。

あとは兵庫県の「富久錦」や、三重県の「森喜酒造場」、茨城県の「須藤《すどう》本家」、石川県の「福光屋」などが全量「純米酒」の蔵元だ。「富久錦」は阪神大震災の前に「全量純米酒生産に切り替える」と宣言した。幸い地震による大きな被害はなく、約束通りに全量純米に切り替えた。ところが売れないし、造りも一遍で切り替えなければならず、経営面でも造りの面でも苦労した、という。

繰り返すが、いまのように米があまるような時代になれば、「純米酒」を醸せるはずだ。うまいのができるか、どうかは別にしてどの杜氏《とうじ》も「純米酒」は造れる。ただ経営者が原価が上がっても許すか、にかかっている。「品質のよい酒を、ある程度の値段で売る」という自信があるか、ということだ。

■日本酒の種類

一口に日本酒と言っても、原材料や造り方の違いによって種類が分けられている。原材料の種類と、その量による場合、次のように分類される。

①米と米麴、水だけで造られた「純米酒」

②「純米酒」に一定量（仕込み総米重量の一〇％以下＝アルコール換算九五％）までの醸造用アルコールを加えて造った「本醸造酒」

③増量のために、たくさんの醸造用アルコールを加えて造った（アル添）「普通酒」

タイプ別アルコール添加量

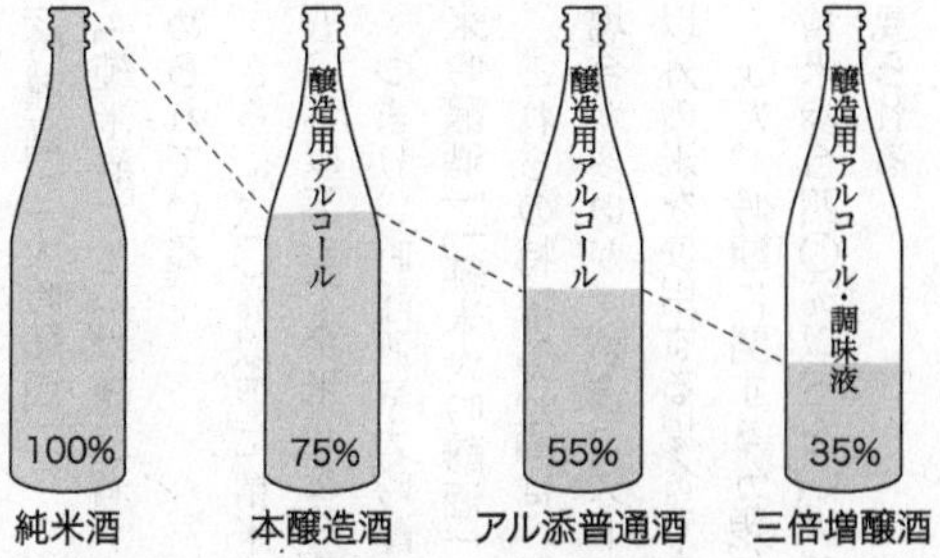

上の図は、純米酒で白米の使用量を100%とした場合に、日本酒のタイプによる添加アルコール量の違いを表している。
白米1トンから造られる純米原酒は約2,000リットル弱。
精米歩合のことも加味すれば普通酒と特定名称酒ではその製造コストに、かなり差が出ることがわかる。

④さらに醸造用糖類、酸味料、アルコールなどを混合したアルコール調味液を加えて造った「糖類添加普通酒」

また、特定名称酒とそれ以外という分け方もあり、前述の①と②は特定名称酒に含まれ、③と④はそれ以外の酒ということになる。

特定名称酒は、精米歩合や醸造用アルコールの添加量が制限されている。特定名称酒以外の酒は、特に精米歩合についての制限はないが、通常、飯米や加工米を使用し、精米歩合は七〇％から八五％である場合が多い。最近流行の「米だけの酒」もここに分類される。

特定名称酒と呼ばれる酒には以下の

ものがある。

「純米酒」「特別純米酒」「純米吟醸酒」「純米大吟醸酒」「本醸造酒」「特別本醸造酒」「吟醸酒」「大吟醸酒」

「純米酒」と「本醸造酒」は、精米歩合が七〇%以下(米の三〇%以上を削る)と定められている。

さらに六〇%以下に精米した上、低温でじっくりと醸した酒を「吟醸酒」といい、五〇%以下まで精米した吟醸酒を「大吟醸酒」という。

つまり、吟醸酒や大吟醸酒のうち、醸造用アルコールの添加されていない酒を「純米吟醸酒」「純米大吟醸酒」というわけである。

これらの特定名称酒は、通常酒造好適米と呼ばれ、清酒製造に適した米を使用する場合が多いが、製造コストを下げるため、あるいはその地方色を出すために、好適米以外の米を使用する場合もある。

また、吟醸に関する分類について、精米歩合五〇%以下を「吟醸酒」「純米吟醸酒」、精米歩合四〇%以下を「大吟醸酒」「純米大吟醸酒」と、厳しく自主分類する蔵も多く見られる。

次にそれぞれの酒について詳しく説明しておこう。

[吟醸酒]

原料米の表面の脂肪や蛋白質《たんぱく》など、いわゆる酒の雑味の原因となるものを削り落とし、精米歩合六〇％以下の、芯のでんぷんだけにして低温でじっくりと醸した酒。「吟醸酒」のうち、醸造用アルコールを添加しないものが「純米吟醸酒」で、精米歩合五〇％以下になると「大吟醸酒」「純米大吟醸酒」と表示できる。

［純米酒］

文字どおり、純粋に米だけで造られている酒で、醸造用アルコールなどは一切添加されていない酒。精米歩合も七〇％以下と定められている。精米歩合が六〇％以下または、酒造好適米の使用割合が五〇％以上の場合、「特別純米酒」の表示ができる。

［本醸造酒］

「純米酒」に一定量（白米重量の一〇％以下）の醸造用アルコールを加えた酒。「純米酒」同様に精米歩合も七〇％以下と定められている。精米歩合が六〇％以下または、酒造好適米の使用割合が五〇％以上の場合、「特別本醸造酒」の表示ができる。

［普通酒］

特定名称酒以外の酒を総称して普通酒と呼んで区分している。精米歩合の規制はなく、醸造用アルコールの添加量も上限はあるが、本醸造より多い量が添加できる。アルコール添加で薄まった味を調えるために糖類、酸味料、調味料などを添加しているものもある。なかでも「三増酒」と言われるものは、文字どおり酒の量が「純米酒」

の三倍にもなる。
酒のラベルには必ず原材料名が記載されているので、これを見ればどれに当たる酒かだいたい判断できるが、普通酒や三増酒の表示はない。
日本酒は、大きく分けると基本的には以上の種類だが、併せて次の表示もある。
［原酒］
醪を搾った後に、水を加えていない酒。そのためアルコール度数は高く、味わいも濃厚。
［生酒（なまざけ）］
一般的な酒は貯蔵前と瓶詰め時に二度火入れ（酵素の働きを止めたり殺菌することが目的）を行なうが、その火入れを一度もしていない酒を「生酒」と言う。酵母や酵素が生きているため、低温での管理が必要。
［生詰め酒］
生酒とは違い、貯蔵前の一度目の火入れは行なうが、瓶詰め時に二度目の火入れをしていない酒。
［生貯蔵酒］
生詰め酒とは反対に、生のまま貯蔵し、一般的に瓶詰め時に火入れをした酒。

［古酒（こしゅ）・長期熟成酒］

日本酒を長期間貯蔵熟成させた酒。長期間熟成させるので独特の味わいや香りを持っている。五年以上熟成させた「秘蔵酒」と呼ばれるものもある。なお、蔵では酒造年度（毎年七月から翌年六月まで）が変わると、前年の酒はすべて古酒と呼んでいる。過去は前々酒造年度の酒を古々酒、三年経った酒を秘蔵酒と呼んでいたが、ここで言う古酒・秘蔵酒とは異なる。

［にごり酒］

醪を粗濾ししたり、搾った後の滓《おり》が残っている酒。白く濁っていたり、沈殿していたりする。瓶内二次発酵をし、発酵ガス（二酸化炭素）が溶け込んでいる酒も多くなってきたので、「活性にごり酒」と「にごり酒」の区別が必要。

［その他の酒］

「山廃《やまはい》」「生酛《きもと》」「貴醸酒」「斗瓶《とびん》取り」「槽口《ふなくち》酒」など、他にもたくさんの酒があるが、それぞれ造り方や作業の方法などにより表示されている。

清酒は安すぎる

現在、清酒業者の七〇％は赤字といわれている。黒字の蔵でも資産を食いつぶしたり、家族労働でどうにか維持しているのが現状で、これは「アルコール添加し、原価を安くして、安く売る」ということが元凶となっているからで、このことは清酒の値段の変化をほかのものと比較して見てみればすぐにわかる。

戦後の復興が軌道に乗り始めた昭和二五年と現代の食用品の価格を比べると、安くなったり、変わらないのは卵、バナナ、砂糖で、多少上がったのが清酒だ。大工の日当が二〇〇円だった当時、自由販売の二級酒が一升瓶一本五〇〇円だった。つまり大工二日半の日当でどうにか一本買えた、という価格だ。これがいまでは、当時と同じように大工の日当二日半の酒を買い求めたら、持ちきれないほどの量になる。これほどに清酒の価格は上がっていない。給与は当時より四〇倍近く上がっているというのに清酒はいま、普通酒で一五〇〇円程度、三倍しか上がっていない。

一方で原料の米は八倍近く上がっている。これでは儲《もう》かるわけがない。小学校の子どもでもわかる話だ。これでもやりくりしているのは税金が下がっているし、アルコール添加などで原価を下げて量を販売しているからだ。

この比較で見るかぎり、価格が変動しない業界はどこも業績は伸びていない。たとえば卵の場合でも養鶏業者も減っている。バナナも輸入しても儲からないし、売れない。砂糖メーカーの株価も下がり同じ状態だ。こんな安売り状態が続くのでは清酒業界も危ない。

そこで、せめて当時の五倍、一升二五〇〇円程度の酒を、造って、売っていかないと業界は持たない。これが妥当な日本酒の価格だとしたら、それは本物の酒、「純米酒」しかない。この値段でこれまでの清酒と大差のないアルコール添加増醸酒を売ったら飲むほうは怒るし、当然売れなくなる。だからいま、「純米酒」のよいものを造らなければならない。

■酒の善し悪し

酒は昔から燗《かん》で飲んでいたのが主流だったが、吟醸酒がはやり始めて、冷やして飲むようになった。アルコールを添加すると、香りがフーッと浮いてくる。アルコール添加で香りを立ち上げた吟醸酒の場合、燗をしたら香りが強くなりすぎて飲めない。大吟醸の香りがプンプンする酒を冷やして飲むと、香りが抑えられ、邪魔にならない。かすかに香りが立つから、「これはいい香りだ」ということになる。ただ冷やすと味もわからなくなるものだ。秋になって「ぬる燗」の季節になると、香りの高い吟醸酒は燗に向かないし、燗して飲んでも香りが強すぎておいしくない。酒量拡大を考えるなら、香りをある程度制御したほうが量は伸びるだろう。やはり燗をつけるのなら「純米酒」だ。「純米酒」はそれほど香りが高くなく、燗をすると旨味《うまみ》があふれてくる。

酒の優劣を決める基準になりつつあるのが清酒品評会だが、そこでの唎《き》き酒で選ばれたものが必ずしも「飲んでうまい酒」とはいえない。唎き酒でいい評価を受ける酒には香りがあるものが通りがちだ。自分が唎いても、香りのいいものを通すだろう。ただ唎き酒での「よい酒」と、飲むために「よい酒」があることを知ってもらいたい。

二〇〇一年の全国の品評会では広島の酒が選ばれなかった。選ばれたのは、新潟や東北などの酒で、きれいで薄く、香りがあってすっきりした酒だった。たしかに唎き酒にはいい酒だ。ただ「飲む」とうまいと言えるか、は疑問だ。逆に広島の酒は飲むとうまいが、唎き酒ではいいとは言いにくい。「千福」も「賀茂鶴《かもつる》」も飲むといい酒だが、私も唎き酒だけではいい点はつけづらい。

また、結果は審査担当者の変化に負うところが大きい。二〇〇一年から全国の大会で審査をする人の年齢を五〇歳以下にした。酒を「飲まない世代」だから、いわゆる飲める酒は落ちてしまった。唎き酒するといい点を受けやすい新潟や東北の酒が通った。つまり二〇〇一年は「飲まない人が審査したから、飲まない酒が取った」ということで、「唎き酒のためにいい酒」が選ばれた。いままでは年取った連中はみんな酒飲みだったから、「飲むといい酒」がある程度わかっていて、その鑑定担当者が選んでいたら、結果は違ったものになっていたのではないか、と思われる。

唎き酒は「舌先一寸で見る」という。そこで感じるものを点数化していく。飲むときは違う。すぐに吐き出す唎き酒とは違い、舌全部を使って味わう。そうなると清酒に舌の奥で感じる苦みも出てくる。だから品評会の唎き酒でいい評価を受けた酒を飲んでみると、「香りはいいけれど苦い」という酒もある。しかし品評会で出された酒を全部飲んでいたのでは、鑑定する人は倒れてしまうので「飲んでうまい酒」まで選ぶのにはやはり無理がある。

また温度も関係する。唎き酒の際の温度は一五度から二〇度だ。飲むときにはよく冷やして飲んだり、燗して飲む。温度によって香りも、味も大きく変わる。たとえば味だけみても、酒には「旨味」「甘味」がある。これらは人間の体温に近い温度でもっとも強く感じる。「甘味」などは〇度から二、三度では非常にわずかしか感じない。アイスクリームは適当な甘さを感じるが、溶けたアイスクリームをなめてみるとものすごく甘い。この逆にカレーは熱いとそれなりの辛さだが、冷えると辛さが増す。これはアイスクリームの「甘さ」もカレーの「辛さ」も一定だけれど、旨味、甘味が温度で消えることを意味する。だから、甘かったり辛かったり感じるようになるのだ。においも冷たくなると消える。このように条件によって大きく感じ方が違ってくるのが日本酒だ。

ただ唎き酒でうまく、飲んでもうまい酒があることも事実だ。現実に唎き酒でうまい酒のおよそ半数は飲んでもうまいだろう。反対に残りは、唎き酒はうまいけれど、飲んでみたらよい酒とはいえない、ということだ。これはまた品評会で選ばれなくても、飲んでうまい酒もある、ともいえる。だから「よい酒」を選ぶのが難しい。

変わる売り方

以前、大手の酒では卸売り業者から酒販店へは「一〇本買うと三本付録がついてくる」という売り方だった。大手は安く造って、付録をつけて販売を伸ばしてきた。ところが現在はメーカーの経営状況が厳しくなり、付録販売ができなくなった。こうなると酒販店側が大量の仕入れを控える。また安く仕入れてもそもそも売れない、という事情もある。売れなければ店に積むだけになってしまい、酒販店でも在庫が増えるだけになってしまう。

そこで、小売店に売れなくなった酒を、酒のディスカウントショップが仕入れて、さらに廉価で売っている。九州では一升一〇〇〇円以下はザラだ。六〇〇円なんていうのもある。こんな価格では酒税を払ったら生産原価を切り、これでは酒造家は倒れる。「売れればいい」ということだけでは自分で首を絞めることになる。「安ければいい、大きくすればいい」という時代もあったがいまは違う。大きくすればするほど難しくなる。

卸売りも小さいところが倒れ、「どのぐらい残れるか」という時代だ。酒流通をめぐっては、いままでは書類を通すだけで儲けた会社も多い。これは戦時中、酒が統制品で、これを扱う酒類配給公団というのが各県にあって、小売店まで酒造メーカーに運ばせて、書類を公団に通して口銭をとっていた。書類だけで儲けるというのはこの名残だ。当然だが、いまはこんなやり方は通用していない。

清酒販売をめぐっても環境は厳しくなるばかりだ。このなかで売る側にも原点に還《かえ》ろうとする動きが出ていて、その柱となるのが「純米酒への取り組み」であることはまちがいない。

本物指向

いま、食べ物で代用原料を使っているものはほとんどなくなった。そういう意味で本物でないのは、清酒だけではないだろうか。清酒は堂々といつまでも代用原料を使っている。本物といわれる「純米酒」は日本酒全体のたった一割だ。たとえばアイスクリームも、いまは牛乳を原材料にして、本物になっている。米だって、農薬を使わないものが消費者の需要が大きい。どういうわけか、味噌や醬油《しょうゆ》などの発酵物にいまだに代用原料が使われるのが多いが、ほかの食品はほとんど本物になってきている。

さらに食品の添加物に気をつけるようになった。しかし酒の場合は、アルコールなどは添加物ではなく「原料」そのものだ。添加物では使う量も少ないが原料では多量だ。何十%という量になる。消費者が本物をわかるようになり、本物を求めるようになったいま、

「純米酒」の消費はまだまだ増えていく。女性も若い人も「同じ飲むなら本物がいい」と「純米酒」に傾くとともに本物を飲む満足感を持つ。だから「本物の純米酒を造っていけ」と言いたい。

これが私が「日本酒は純米酒であり、清酒はすべて純米酒にしなければならない」と主張する理由だ。品質がよい悪いではなく、当然、原料として米だけを使っていくのが清酒の生きる道であり、これが日本酒といえるものだ。

将来、「純米酒」が日本を救うことになる。

■アルコール添加の始まり

米、米麹、水を原料として醸していた日本酒へのアルコール添加が始まったのは、日本が満州に進出していた昭和一五年のことだった。日本帝国陸軍から「凍らない酒」の依頼があった。中身のない割れた瓶だけが届くことが相次いだ関東軍から「零下二〇度以下の厳寒の土地なので北方に酒を送ると凍ってしまって、瓶が割れる」という苦情にも似た要請があったのである。これでは戦意高揚にならないと、陸軍が凍らない酒造りをメーカーに依頼した。

この難題を解決するにはアルコール添加しかない。そこでアルコール度数で二十数%というものを造ったが、これは辛くて飲めない。このためブドウ糖を加えたが今度は甘すぎる。さらに酸を入れて調整した。そこでできあがったのがアルコール添加、糖類・酸味料添加の日本酒だ。

この満州国での技術が日本国内でも広がり、清酒の主流を占めるようになった。

ちなみに、三倍に増醸する方法による清酒が生まれたのは昭和二四酒造年度から。当時、米が不足し、一方で清酒の需要は高まっていた。緊急避難的に解消法として登場したのが三倍増醸酒だ。これはアルコール三〇%にブドウ糖、水飴《あめ》、コハク酸、乳酸、グルタミン酸ソーダなどを溶かし込んだ「調味液」と呼ばれる液を醪に投入して、上槽（搾り）する。この方法は、原料アルコールが廉価で生産原価を低く抑えられるため急速に広まった。

これは、アルコール添加の量が増えることで、本来の日本酒の味を失ってしまった酒の旨味を補う目的で行なわれる製造法だ。つまりエキスの薄まった酒を「疑似日本酒」として甦《よみがえ》らせたのが「調味液」だ。

米のない時代で、しかも人々が酒を求めた時代では、仕方なかった製造方法かもしれないが、米が豊富になり、品質もよくなり、一方で酒の需要も落ち込みつつある現代で、この醸造方法が続いているのはどうみてもおかしい。

昭和三〇年代と現在とを比較すれば、精米歩合は、昔には考えられなかったほど白くなり、安全醸造の意味では酒造技術は格段の進歩を遂げている。だが、その現代の酒が、はたして消費者に支持され、喜んで飲まれているかどうか、私は常々、疑問に感じる。

たしかに米は白く、分析値は立派でも、その本質的な味わいにおいて、致命的に欠落しているものがありはしまいか。

それは必要悪だったとはいうものの、醪へのアルコール添加と三倍増醸法という緊急避難策が戦後半世紀以上も続いた結果、それらが呼び水となって白糠《ぬか》糖化液、アルファ化米、乾燥麹、液化仕込みなどの奇々怪々な新技術が開発され、日本酒本来の爽《さわ》やかさ、力強さ、熟成の素晴らしさを感じさせる酒が消えていった。さらに、諸外国で生産された清酒の輸入量も増えて清酒の無国籍化が進み、それが結果として、消費者の日本酒離れの最大の要因となっていると私は思う。

上っ面のハード面では進歩していても、飲み手の日本酒離れは深刻であり、そして、それは吟醸酒でも例外ではない。

その原因を他の酒類の量的増加や、戦後の食生活の変化に求めるのはたやすいが、それでは本質的な問題の解決にはならない。最大の問題は、長い歴史のなかで培われてきた伝統的な技術を軽視し、新技術や、机上の利益率ばかりにしがみついている日本酒業界自身にあると言える。

現代の消費者に愛飲され、日本酒が国酒の地位を取り戻すためには、現代に通用する味の基準があるはずである。また業界全体が努力し、レベルを向上させ、消費者の真の信頼を獲得すべきだ。その意味で、市販酒の品質を最低保証する趣旨の審査が今日でも再開されるべきと、私は思うのである。

第2章　日本酒の本質——これだけは「純米酒」造りに欠かせない

米

米の事情を語る上で、太平洋戦争直後と昭和三〇年代以降とでは状況が大きく違っている。戦前はさておき、戦後は非常に米不足で食べる米がなく、酒造りに使う米をほとんど削らなかったため、米はべらぼうに黒かった。いまは米を大きく削って造りに使っているが、私が戦後広島であちこち回って指導していたころは、精白度は、麴《こうじ》、酒母で一割五分（精米歩合八五％）、掛米は一割だった。実際にはもっと黒く、削る量は少なかった。米不足で、蔵人の食用の米もまかなわなくてはならなかったので、ちょっと搗《つ》いただけのものもあったほどだ。

当時は酒造米も不足していたが、それ以上に日々の飯米不足も深刻だった。ただ、酒造りは重労働であり、空腹では造りどころではないので、酒造家たちは、帳簿上の精白は一割減（現在の表示に直すと精米歩合九〇％）でも、実際には七分搗《つ》き（同九三％）くらいの黒い米を酒造に用い、それによって生じた余り米を自分たちや蔵人たちの飯米とする蔵もあった。

昭和三〇年代半ばから米がたくさん出だした。統計では昭和三七年が一番たくさん米を食べた年で、現在の二倍も米を食べていた。現在、ひとりが一年で白米を食べる量は六〇キログラム、その当時は一三〇キロだ。豊富に米が使える時代に入り、酒造りがこのころから大きく変わっていった。

それまでは、黒い米で何とかして一滴でも多く酒を造ろうとしていたのだが、食べる米が増えるぐらいだから、酒の米も削る量が増えて白くなっていった。これで造りも大きく変わっていった。

酒造りで使う米をめぐっては、酒造好適米というのが昭和二四年にできた。これからは銘柄を指定して、「この種類の米で、どこの産地のものはいくら」と決めた。この制度ができた当時、一般米は一俵（六〇キログラム）当たり二〇〇〇円弱だったが、酒造好適米一俵に対する加算金が一番高かったのは岡山の「雄町」で七〇〇円、その次が兵庫の「山田錦」で五〇〇円、「五百万石」はまだできはじめのころで、全国的にはつくっていなかった。いま出ている「美山錦《みやま》」などは新しい米で、当時はまだ出ていなかった。

当時の「雄町」は蒸米に弾力があって、うまい蒸気の香りを嗅《か》いだだけで「雄町」とわかった。現在の「山田錦」の全盛時代を迎えるまでは、「雄町」は最高級の酒米として各地の酒造家の羨望《せんぼう》の的だった。

この酒造好適米が指定されるとともに削る割合が増え、米はだんだん白くなっていった。八五％の麹、酒母で、九〇％の掛米だったのが、麹、酒母が七〇％、掛米も七〇％が中心になった。

また米が豊富になるにつれて、米のよい悪いも変わってきた。終戦直後は「米でさえあればよかった時代」だ。屑米とか悪い米が入っていない米がよい米で、米の質まで選べる時代ではなかったのである。

では酒造りによりよい米とはどんな米だろうか。

やはり一番は大きい米、粒が大きい米がいい。どのくらい大きいかというと、私たちが食べているコシヒカリは一〇〇〇粒で二一～二三グラム、ところが酒造好適米は二五グラム以上ある。「山田錦」とか「雄町」とかは二七グラム以上はある。

もちろん、ただ大きければいいというものではない。大きければいいというのなら酒造好適米の一つ、青森の原産「華吹雪」は三〇グラムぐらいある。小粒でも二八グラムある。岐阜にも大きな米があるが、これらが酒用によいかというとあまりよくない。心白が大きすぎて、ちょっと精白を上げると心白だけになってしまう。米をとぐと溶けて相当流れ出るし、蒸すと軟らかすぎるし、麹を造ると早く麹になりすぎる。その意味では「大きければよい」というわけではないが、一方で粒の小さい米では精米すると糠《ぬか》になってしまう可能性がある。粒の大きいものは残る。こういうことから「大きい」というのはやはり、欠かせない条件だ。

二番目は食い込みのよい米。麹造りで麹菌が入っていくような米、側が固くても中が軟粒な米。「外硬内軟」で、外が硬いというのはいいというわけではないが、「硬そうに見えて中が溶ける」というのがよい米のもう一つの条件だ。こうなる条件としては、あまり多すぎても困るが心白がいくらかあるほうがよい。といっても粒のなかの心白が占める大きさ、割合が多すぎるとだめだ。糯米《もちごめ》は全部白いけれどあの半分ぐらいがよい。つまり大きい米と同じで、心白もあるほうがいいが、ありすぎると疑問符がつく。

三番目は形から見て長い形のものより丸くて厚いものがいい。水の吸い方などの問題からだ。

これらをまとめてみるとよい酒米とはこんな条件になる。①小さいより大きいほうがいい。ただし大きいだけではダメなときもある。②心白がないよりあるほうがいい。心白も大きすぎる糯米ほどあってはいけない。③長い形のものより丸くて厚いものがいい。

そのほかに使うに当たってはまだ細かなことがたくさんある。実際使うのは、白米で少なくとも七〇％に搗《つ》いているのだから、水を吸うのがいい。水をよく吸う米のほうが吸わない米よりいい。水を吸う米は内側が硬くないため麴も造りやすい。醪《もろみ》や酒母に仕込んでもある程度は溶ける。酒になりやすい米は溶けやすく、麴菌が入りやすい。麴菌は水分のあるほうに入ろうとする。内側に水持ちがいいとよい麴ができる。

ただ水の吸い方は空中の湿度によってかなり違う。乾いている米はよく吸う。吸水率は米の持っている水分と反比例する。米の水分が多いほど水の吸いは悪い。太平洋岸と日本海側とはかなりの湿度差があるので当然、造りも違ってくる。

悪い例として南方の米がある。戦後の米がないときに使ったことがあるが、この米は水を吸わない。普通の米の浸漬は五、六時間だがこの米は二日は最低いる。つまり一〇倍ぐらいつけても、まだ吸わない。ボロボロした米になる。

これは米の構造が違うためで、でんぷん構造が違う。細胞間が非常に狭くできている。日本の米はでんぷんの細胞間が粗なので水分が減ると空きができてよく水が入る。南方の米は細胞間が詰まっているので乾いていても水を吸いにくいし、硬い。でんぷんの生成は温度が正比例する。温度が高いところほど硬い結実をする。このため南方の米は硬い。二倍ぐらい温度を食っている。

日本でも暑い夏が続くと、水の吸いが悪くなる。高温化は米にてきめんに影響する。さらに米の刈り取り時期が早まっている。これまで秋だったのが夏になりつつある。これは台風の被害を避けるためで、早く植えて、早く刈るようになった。また新米嗜好《しこう》が高まり、早く出すと値段がよい。このように米の品質は年々変わる。よい米は水を吸うのが早いし、水を放すのが遅い。米の放水性というが、悪い米は遅く吸うくせに放すのが早い。これでは麹造りが難しい。「吸水が早く、放水が遅い」。これがよい米の条件だ。

成分で見ると、食べる米と違って、蛋白《たんぱく》質が多いのは適さない。「コシヒカリ」とか「ササニシキ」とかは蛋白質が多いから食べるとうまいし、味がある。酒にはあまり適した米とはいえない。これは蛋白質が分解してアミノ酸がたくさん出てくるのでしつこくなる。脂肪も多くないほうがいい。

酒米として欠かせない条件を説明してきたが、それでは米づくりの現状を見てみよう。

米の歴史を調べてみると、現在の一反当たりの平均収量は約九俵だが、明治時代は四俵から五俵の間だった。いまは二倍穫《と》れている。それは窒素肥料と農薬で征伐してできているからだ。明治時代には薬はないし、肥料もあまり使わなかった。だから中国からウンカが飛んできたり、カメムシが発生すると収量が大きく落ちる。いまはこういうことはなくなり、冷害が起きても農家から餓死者が出たりしないが、米そのものは変わってきている。地力ではなく肥料でつくっている。さらに外国の米に比べると日本の米は高い。

いま、米離れと言われ、米余りになってきているが、いきなり食糧米から酒造好適米に転換しようとしてもできない。三年とか五年計画で本気で勉強しないとできない。いままでの田圃《たんぼ》では窒素が多すぎて、減るまではだいぶ時間がかかる。地力を変えなければならないが、作物が窒素を食い切るまでに最短でも三年はかかる。

一方で酒に使う米は年間五〇万トンぐらいで、量はさほど変わらない。ただし、日本酒造りのすべてが添加物なしに変わったらいまの二倍以上は需要が増える。「純米酒」に切り替わることが、結果的にいまの農業政策を助けるだろうし、農林水産省も喜ぶし農家も喜ぶ。しかし、純米酒への切り替えはそう簡単にはいかない。どんなに短くても三年や五年はかかる。長ければ一〇年もかかる。

五百万石
おくほまれ
美山錦
玉栄
雄山錦
山田錦
五百万石
一本〆
たかね錦
北陸12号
山田錦
京の華
八反錦2号
美山錦
雄町
出羽燦々
華吹雪
美山錦
出羽燦々
山酒4号
豊国
京の華
改良信交
酒の華
五百万石
亀粋
美山錦
吟の精
秋田酒53号
星あかり
初雫
北海道
華吹雪
青森
美山錦
吟ぎんが
秋田
岩手
美山錦
金紋錦
しらかば錦
ひとごこち
美山錦
五百万石
華吹雪
蔵の華
星あかり
山形
宮城
五百万石
華吹雪
美山錦
新潟
福島
若水
五百万石
雄町
群馬酒23号
群馬
栃木
美山錦
五百万石
若水
山田錦
華吹雪
ひとごこち
茨城
埼玉
山梨
東京
神奈川
千葉
美山錦
五百万石
山田錦
渡船
若水
山田錦
若水
五百万石
一本〆
華吹雪
沖縄
美山錦
玉栄
若水

平成10年度全国酒造好適米品種一覧

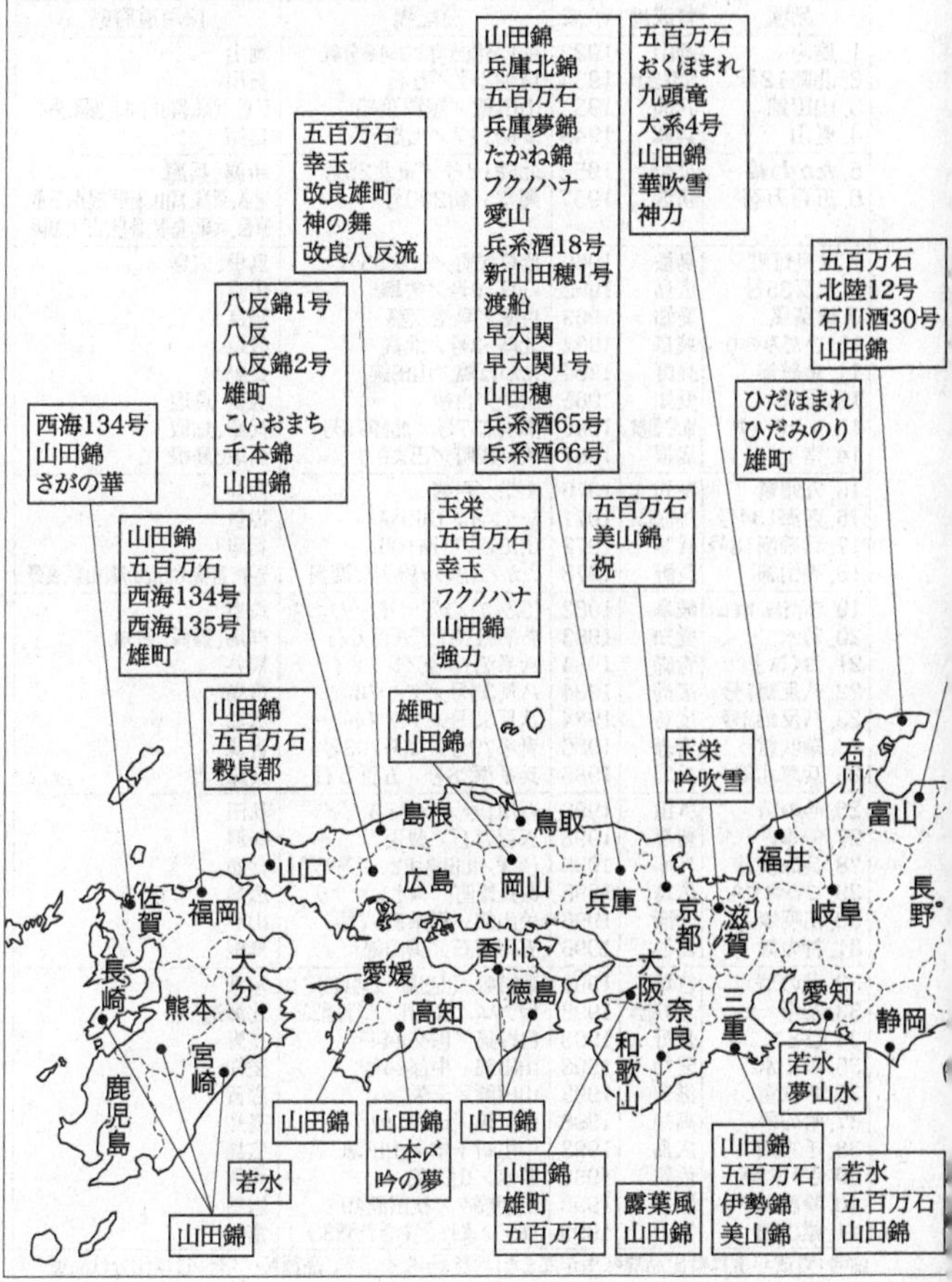

全国で認可された酒造好適米の一覧
1997年度産米の産地品種銘柄および1997年度以降の仕分品種

品種	育成地	育成	交配親	採用道府県
1. 雄町	岡山	1922	在来品種雄町より純系分離	岡山
2. 北陸12号	北陸農試	1934	奥羽2号／万石	石川
3. 山田錦	兵庫	1936	山田穂／短稈渡船	三重、兵庫、岡山、山口、福岡、熊本
4. 愛山	兵庫	1949	愛船117／山雄67	兵庫
5. たかね錦	長野	1952	北陸12号／東北25号	新潟、兵庫
6. 五百万石	新潟	1957	菊水／新200号	福島、新潟、富山、石川、福井、三重、京都、兵庫、鳥取、島根、山口、福岡
7. 改良雄町	島根	1960	比婆雄町／近畿33号	島根、広島
8. 八反35号	広島	1962	八反10号／秀峰	広島
9. 露葉風	愛知	1963	白露／早生双葉	奈良
10. ひだみのり	岐阜	1964	北陸52号／北真	岐阜
11. 金紋錦	長野	1964	たかね錦／山田錦	長野
12. 玉栄	愛知	1965	山栄／白菊	滋賀、鳥取
13. フクノハナ	東北農試	1966	奥羽237号／北陸76号	兵庫、鳥取
14. 幸玉	島根	1967	改良雄町／巴まさり	鳥取、島根
15. 九頭竜	愛知	1970	山栄／白菊	福井
16. 西海134号	九州農試	1971	シラヌイ／山田錦	佐賀
17. 兵系酒18号	兵庫	1972	山田錦／IM106	兵庫
18. 美山錦	長野	1978	たかね錦のγ線突然変異	岩手、宮城、秋田、山形、山梨、長野
19. ひだほまれ	岐阜	1982	(ひだみのり／フクノハナ)F1／フクニシキ	岐阜
20. 若水	愛知	1983	あ系酒101／五百万石	群馬、静岡、愛知
21. おくほまれ	青森	1984	兵系酒18号／レイメイ	福井
22. 八反錦1号	広島	1984	八反35号／アキツホ	広島
23. 八反錦2号	広島	1984	八反35号／アキツホ	広島
24. 華吹雪	青森	1986	青系79号／ふ系103号	青森
25. 兵庫北錦	兵庫	1986	兵系酒28号／五百万石	兵庫
26. 吟の精	秋田	1993	合川1号／秋系53	秋田
27. 一本〆	新潟	1993	五百万石／豊盃	新潟
28. 兵庫夢錦	兵庫	1995	(菊栄／山田錦)F2／兵系23号	兵庫
29. こいおまち	広島	1995	改良雄町／ニホンマサリ	広島
30. 出羽燦々	山形	1996	美山錦／青系酒97号	山形
31. 神の舞	島根	1996	五百万石／美山錦	島根
32. 蔵の華	宮城	1997	東北140／(山田錦／東北140)F1	宮城
33. 初雫	北海道農	1998	(マツマエ／上116)F1／北海道256	北海道
34. ひとごこち	長野	1998	白妙錦／信交444	長野
35. 夢山水	愛知	1998	山田錦／中部44号	愛知
36. 吟吹雪	滋賀	1998	山田錦／玉栄	滋賀
37. 吟の夢	高知	1998	山田錦／ヒノヒカリ	高知
38. 千本錦	広島	1998	中生新千本／山田錦	広島
39. さがの華	佐賀	1998	若水／山田錦	佐賀
40. 吟ぎんが	岩手	1998	出羽燦々／秋田酒49	岩手
41. 雄山錦	富山	1999	ひだほまれ／あきた酒33	富山

備考：育成年度は奨励品種採用年度または登録年度を示す。品種No32～41は仕分け品種。

よい米を穫ろうと思ったら、農協や国に任せていたのではダメで契約栽培するしかない。生産農家と酒造家がしっかりと手をつないでやる以外に方法はないのだ。

もう少し日本の現状を見てみよう。日本で原料になるものは何があるかといわれると、たった一つ米しかない。昔は石炭があったがいまはほとんどない。あと人力はある。米と人間を使って何ができるか。それは「酒」だ。人力を使ってよい酒を造って輸出する。よい「純米酒」を造って、外国に輸出する。これが農業の再生につながり、「純米酒」が日本の誇れる産物になるのだ。

■酒造好適米あれこれ

酒造好適米は、一九九九年現在三六道府県で栽培されている四一品種が産地銘柄に指定されている。このうち主な品種を紹介しよう。

「山田錦」

山田錦をつくっているのは九割が兵庫県で、あとは徳島や福岡、三重、静岡、山口、広島など。昭和一一年（一九三六年）に誕生したこの米はいまだに酒米として人気が高い。「粒や心白が大きい」「外硬内軟性に富む」「蛋白質含有量が少ない」など酒米としての優れた適性を持ち、現状では入手が難しい米となっている。酒造には最適で、うまい酒を醸す米だが、食用としては適していない。

「雄町」

岡山県高島村雄町（現岡山市）の農家、岸本甚造氏が慶応二年（一八六六年）に育種に成功した米として知られる。酒造米のルーツといわれ、「備前雄町」として知られている。栽培が難しい点では山田錦と双璧ともいわれ、倒れやすく、イモチなどにも弱い。雄町を使った酒のなかには、どっしりした深い味わいのある酒もあり、いろいろな可能性を秘めた酒米といえる。

「五百万石」

新潟で育種されたこの米は北陸地方中心だが、全国に流通している。純米や純米吟醸に多く使われ、心白が大きく良質だが、吸水性があまりよくない。新潟米が五〇〇万石を突破したことを記念して命名された。

「美山《みやま》錦」

長野で生まれた米だが東北地方での人気が高く、東北五県でも栽培されている。この米は純米吟醸などに適していて、用途も広く、つくりやすい米として東北地方の酒蔵に人気がある。軽快でなめらかな生酒から、どっしりした古酒まで幅広く使われ、長野を含め中部地方でも栽培されている。飲みやすく手ごろな価格の「純米酒」に使われることも珍しくない。

水

人間の飲む水は水道法に決められているが、酒造りに使われる水は飲む水より非常に厳密だ。水道法と大きく違うのは鉄分の含有率だ。水道法に決めてある率の一〇分の一以内で、ものすごく厳しく、酒造りで望ましいのは〇・〇一ppm以下で極度に少ないものである。

鉄分が酒のなかの麹から出てくる成分と一緒になると、「フェリクリシン」という化合物になる。これは茶色で硬くてめげない。一般に酒は熟成してくるとだんだんと黄色くなるが、フェリクリシンができると茶色になる。

また味も悪くなる。鉄の味は「口を縛る」と言い、口がとがったような味がするので飲み物としておいしくないし、時間がたつにつれて何となく妙な味になる。ぬるぬるというか口から離れないとか、いう味だ。

この「フェリクリシン」を除去しようとしても、どうしても離れない。もちろん飲み物だからそのままでは出すわけにはいかない。だから鉄が一番恐ろしい。使う水に鉄分が多かったら万事休す。酒もろくな酒にならない。使う前に鉄分を抜こうとしても、溶け込んでいるので、非常に難しい。だから鉄分の少ない水が必要不可欠となる。

二番目は上水道と違わないが、アンモニアが出るとか、亜硝酸が出るとか、バクテリアがいるとかは論外。この二つが分析上の問題だ。

ほかの産業は上水道で使えるような水なら何をやってもできる。これが酒造りとはまったく違う点だ。

水の「味」も「におい」も酒造りの水の大切な要素だ。飲む水では甘い水がいいとかいうが、甘い水には有機物が多いので酒造りには向かない。きれいな水でも渋い水はよくない。厳密にいうと無味無臭がいい。あまり特徴のあるものはよくない。「全国の銘水」というのがあるが、「あれは飲んだら」ということで、成分とは関係ない。天下の銘水でも、酒の水としてはいいのもあれば悪いのもある。酒はもともとは井戸水と湧き水で造っていた。現在は足りなくなったので水道水を使っているところもかなりある。井戸水が悪くなって使えなくなってしまったためで、これはしようがない。

硬度、クロール（塩素）はあってもいいが、これも少ないほうがいい。硬度が二度とか五度とか、クロールも上水道並みの二〇ppmとか三〇ppmとかはあってもかまわない。

ただしこれが絶対条件ではない。

灘《なだ》の宮水は硬度がありすぎる。宮城の「浦霞《うらかすみ》」が使っている水も硬水で、この水を使った特殊な造りは真似ができない。これに対して伏見《ふしみ》や広島は軟水造りだ。日本全体で見ると造りは軟水造りが多い。「純米酒」も吟醸酒も軟水と硬水の間、中硬水がいい。昔、技術が低劣だったとき、宮水を使えばまあまあの酒になった。

昔は米が大事だったが、いまは水だ。米は途方もなく悪いのがなくなったが、水はよいのと悪いのとの差が大きくなっている。

酵母

酵母は次々に新しいものが生まれ、変わっていく。私はどうしても新しい酵母になじめないし、好意的でない。酵母がなぜ変わったか。影響を与えたのは昭和四〇年ごろから始まった補助金制度だ。

これは、全国の試験研究機関の新しい技術に対して出る国からの補助金制度だ。しかし、この制度は「いい酒を造るのに工場を変える」というのには金は出ない。通産省（当時）の人間には「いまだっていい酒を造っているじゃないか」という意識があって、ぴんとこない。だから金は出ない。しかし酵母を改良して「まったく違う酒を造る」とか、「新しい需要を開発する」とかいうと金が出る。それで全国の研究機関が酵母の改良に力を入れている。国から何百万かもらって、電子顕微鏡を買ったり、ガスクロマトグラフィーを買ったりした。それで酵母を造った。これで大きく変わった。

これまでは酵母は天然や自然で採ってきた。いい酒ができる醪から採ったり、新酒から採ってきた。協会の1号から9号までの酵母はこうやって採ってきた。知られているのは7号酵母。長野県の諏訪《すわ》湖近くの「真澄正宗（現真澄）」から生まれた。6号は秋田県の「新政《あらまさ》」から採った。9号酵母は7号の変異株で香りがいい。ただ、採った場所は、醪から採ったのか、酒母から採ったのか、新酒からか、蔵からか、誰もわからない。

いまは、これまでと違って酵母という生き物をつくく。紫外線をあてて、突然変異を期待する。酵母を半分ずつちぎって、貼り合わせたというのもある。このような状態なので、いま、酵母がどのくらいあるか、誰も知らない。

酵母を変えると酒がガラッと変わる。香りを変え、味を変え、新しい形の酒を造りたいと酵母を変えるが、なかなか成功する例は少ない。酵母はいくらでもあって、このうちどれを使うかは各地方で違いが大きい。秋田では、新しい酵母のおかげで香りは立ったが味はうまくいかなかった。このため秋田の酒は地盤沈下した。こういう事例があるだけに、酵母は怖い。酵母で酒を変えることは可能だが、酒として成功するかは疑問だ。善し悪しは見解の相違だが、客が離れてしまったのでは実験としては、高くつく実験だ。

ただ酵母のなかでも醸造作業を軽減化させた酵母も出現している。これは「泡無し酵母」と呼ばれるもので、島根県横田町（現奥出雲《おくいずも》町横田）の「簸上《ひかみ》正宗」が発祥の地だ。

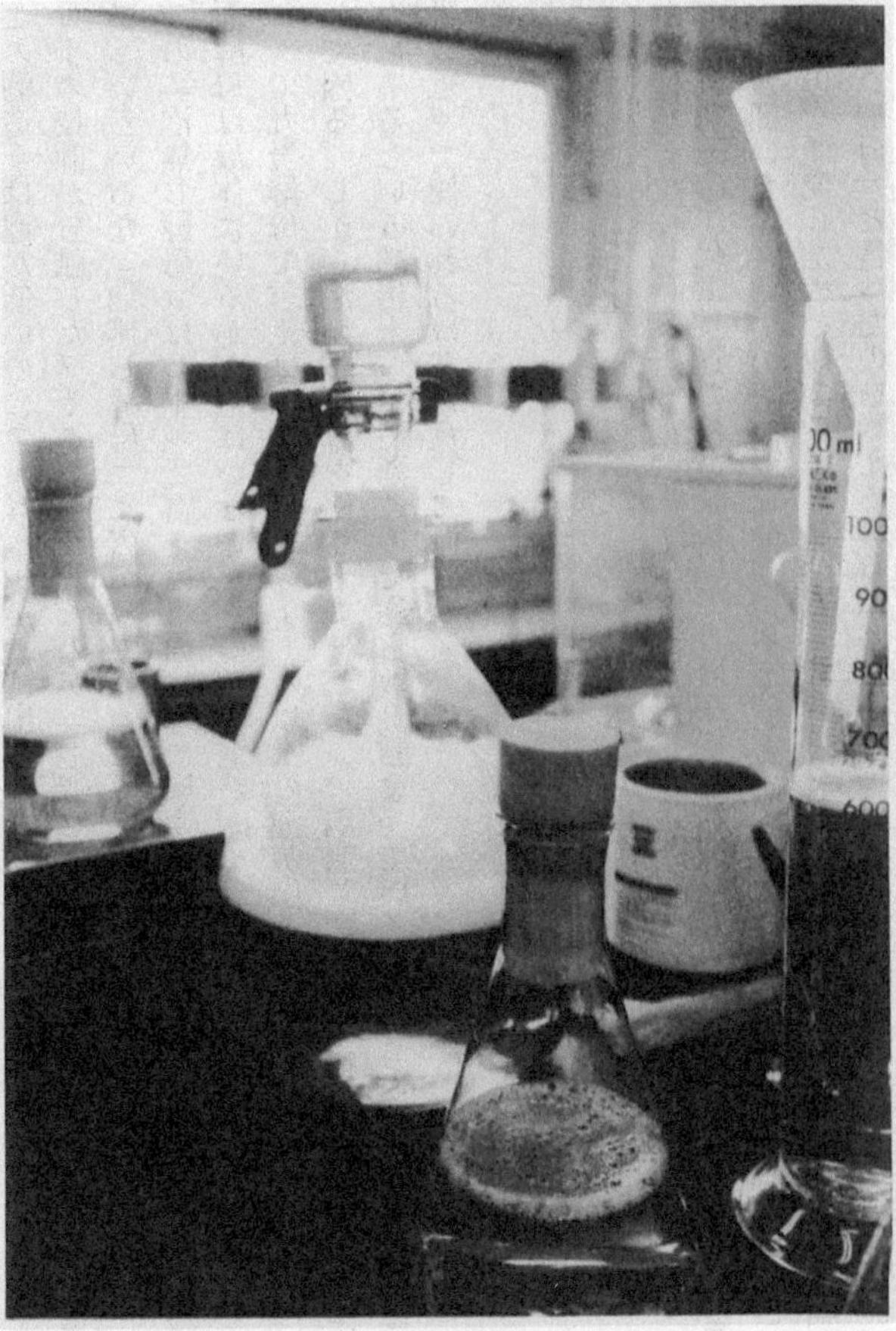

酵母培養

ここの酒造りは泡が低いのにアルコールがよく出るし、酒の香りもいい。このため大手メーカーの技師が分離した。そこで生まれたのが「泡無し酵母」だ。ここのは7号酵母だったが、いろいろな「泡無し酵母」に広がっていった。

この「泡無し酵母」はビールで言えば下面酵母に属する。普通は上面酵母で、泡にある。下面酵母は液体にいるから泡にいない。そのため泡がふくれない。普通の酵母では一つのタンクで九号酵母で言えば六〇センチメートル以上の泡が出る。出すぎるとタンクからこぼれて困る。しかし泡無し酵母を使うとこぼれない。泡無し酵母には特徴がある。液体のなかにいるという性格上、よく湧くので醪日数が詰まっていく。いまでは「泡無し酵母」は半数近くで使われるほど普及している。

■信越酵母戦争

昭和三〇年代に長野の醸造試験場で、通産省の補助金を受けて新しい酵母を造った。私が聞いた名古屋での発表で「醪が短くて湧きすぎる。ゆっくり湧かせるためにこの酵母を開発した」と妙なことを言っていた。レッド酵母（協会系の酵母）でなく、「ピンク酵母」と言ったのを覚えている。俗に言う「NP－1（長野ピンク1号）」という

酵母一覧

協会1号　(明治39年。兵庫「桜正宗」の酒母から分離)
協会2号　(明治末年。京都「月桂冠」の新酒から分離)
協会3号　(大正3年。広島の「酔心」の新酒から分離)
協会4号　(大正13年。広島地方の新酒から分離)
協会5号　(大正14年。広島地方の新酒から分離)
協会6号　(昭和10年。秋田「新政」の蔵内から分離)
穏やかで澄んだ香りで、味は協会9号ほど単調ではなく、深みがある。糊精の大きい環境下でも増殖が阻害されないので、生系にも向いている。
協会7号　(昭和21年。長野「真澄」の醪から分離)
戦後から昭和40年代にかけて、酒造りの主流を為した酵母である。梅の香様の清楚な香りがあり、現在でも主に普通酒用の酵母として、多くの酒造場で使われている。
高温の環境下では多酸醪となりがちであるが、寒冷地の酒造場や、冷却設備の整った酒造場での使用には問題なく、9号にはない深い味わいを持った酒造りに適する酵母として、そのよさが再確認されるべきである。
6号と同様、糊精に強いので、生系に適する。
協会8号　(昭和35年。6号の変異株)
高温性で、醪の最高温度を16度以上に取らないと切れが悪く、醪の表面が蓋を打ち、多酸で香りは低く、濃い酒になる。酒化率が最優先された過去の時代の酵母であり、今日ではほとんど使われていない。
協会9号　(昭和28年頃。熊本「香露」にて分離)
今日の吟醸造りの主流を占め、低温の環境でも発酵力が旺盛で、泡は高い。
協会10号　(昭和27年。茨城「副将軍」明利酒類で分離)
低温長期醪で酸は少ないが、アルコール耐性が弱く、醪の後半に死滅率が高いのでアルコールが出ず、かつアミノ酸が増える傾向がある。
協会11号　(昭和50年。醸造試験所で分離)
アルコール耐性が強く、長期醪でも切れがよい。アミノ酸が少なく、リンゴ酸が多い。
協会12号　(昭和60年。宮城「浦霞」で分離)
低温でも発酵力が強く、特有の吟醸香があるが、極端に水と造りを選ぶので一般的ではない。
協会13号　(昭和60年。9号と10号とを交配したハプロイド酵母)
9号の低温発酵力と、10号の酸の少なさの両方の性質を併せ持つ酵母として開発された。
協会14号　(平成8年。金沢国税局鑑定官室にて分離)
それまで金沢9号として、主として北陸地方で使われていた酵母である。
協会15号　(平成8年。秋田県)
それまで秋田県のAK1酵母として使われていた物を、協会酵母として登録したものである。

酵母だ。「ゆっくり発酵し、いらいらしない酒を造れるのが特徴」ということだった。

さらに長野県の醸造試験場は、この酵母を使わないのなら指導に行かないと言ったという。この指導により長野の酒は凋落《ちょうらく》した。これを喜んだのは新潟だ。「打倒、長野」で全力をあげて東京市場を制圧してしまった。

それまで長野の酒は全盛期で、東京市場で支持されていた。灘の酒も押されていたほどで、東京市場は長野の酒オンリー、長野の独壇場だった。しかし長野の醸造試験場がこの酵母を使うことを奨《すす》め、この酵母から酒質の変わった「長野県独特の酒」を造って以来、東京市場での状況は一変する。

この酒は発酵はゆっくりなのだが、腰が重く、酸が多く、鉄味が多い。どこがいいのかわからない酒になった。酒質が急に悪くなり、いい扱いを受けるはずがない。「よい酒」という評判を得ていた長野の酒は市場を失う。

試験場の考えは通産省から何千万円かの補助金を受けていたからだろうか、この酵母がせっかく造り上げた長野ブランドを失墜させた。

新潟はこの機とばかり、「きれいな酒」一本槍《やり》でいこう、と決めた。「水のような」を目標にした。濃い酒を造る酵母を使った長野と反対の酒で、上手に炭を使って濾過《ろか》した。それが受けて、一〇年ほどかかって東京市場は新潟の酒に乗り換わった。とともに長野の酒が消えていった。昭和四〇年以降は、二〇年にわたって新潟全盛期が続いたが、いまは東北の酒が伸びてきている。

酵母によって酒はガラッと変わってしまう。それほど酵母は酒造りに大きな影響を与える。

■アルプス酵母

全国の鑑評会で主力となっているのが「アルプス酵母」だ。これを造ったのも長野県だ。大失敗後、代も変わって造った酵母がこれだ。ものすごい香りが立つ。カプロン酸エチルというのがほかの酒の一〇倍はあり、風邪をひいたときはいい酒でも、まともなときには鼻をつまんでいないと飲みづらいほどだ。カプロン酸エチルというのはいい香りだが、これはいくらなんでも多すぎる。一割から三割入っていればいい。香りの高い酒ということは醪の温度を上げられない。醪の温度を上げるとストップしてしまう。だから味があまりうまくない。

■9号酵母物語

吟醸酒に欠かせないともいわれる9号酵母。この酵母は熊本の酒「香露」の酵母として知られているが実は、岐阜県の「菊川」の蔵で生まれている。昔、この蔵の技師が「自分のところで偶然できた酒が何でこんなにいい香りがするのか」と酵母を分離していた。この人が急死し、この菌株や、酵母の研究を熱心に行なっていた熊本県酒造研究所の研究員に持ちこまれ、培養され使われた。これが熊本酵母の開祖となった。9号熊本酵母は熊本で培養されたのは事実だが、生まれは岐阜の「菊川」からで、7号酵母の変異だ。

いまは9号もいろいろあってよくわからなくなった。生き物だから使っているうちに変わってくる。酵母も人間と同じで、「あいつの子孫だから同じ」とは限らず少しずつ変わってくる。酵母は植物だが、動物のようなところがある。

酒造計画

文字どおり、酒造計画で酒造りが決まる。杜氏《とうじ》は現物を造るが計画は立てない。経営者が杜氏の意見を聞いて立て、責任もとる。この計画はただ単に酒を造る日程を組んだりするのではなく、「どんな酒を造って、どういう嗜好の人に売るとすれば、こういう造りになる」ということを決める。つまり「どれぐらい造って、どういう種類を造って、どういう販売をするか。こうすると一年でこれぐらい売れて、一割なり二割を翌年に売ろう」という考えが酒造計画のあらましだ。そのためには「どういう米をいくら使うか、どのくらい搗《つ》くか、何日ぐらいで造れるか、人間が何人必要となるか」を計画する。つまり、これがないと造りはさわれない。

酒に限ったことではないが、計画がしっかりしていれば、あとは実務的なことだけで、その年の酒造りはほぼ決まったといえる。先走ってもいけないが、遅れてもいけない。これがずさんだと後で往生する。これからはこの酒造計画によって酒蔵の生き残りがかかってくる。

あるメーカーの話だが、七、八人で大吟醸を連続で四〇本（タンク）ほど造る計画を立てた。これをこなすには休みなしで造らざるを得ず、このハードワークに蔵の人間は死にかけていた。ひとり、病人も出た。こんなことから「いくら給料くれても来年は来ない」と杜氏は言い、ひとり病気で帰ってしまった。残った人間で計画通り大吟醸を何十本も造るのは無理で、杜氏はもう何日も寝ていないと話していた。これでは本当に蔵人は死んでしまう。無謀な酒造計画の例だが、これでもわかるとおり、蔵自体が揺らぎかねないほど酒造計画は大事なものだ。

改めて整理すると、酒造計画とは経営者（社長）が「どういう形の酒（純米、本醸造、吟醸）をどれぐらい造ろうか、どれぐらい売れるはずだ」と計算してつくるもので、この計画を実行するために原料や従業員の手当てをやっていく、ということだ。

残念ながら、この酒造計画を立てない経営者がいっぱいいるのがこの業界だ。これはおかしい。なんとなく造っているところもある。ひどいのは「去年はこのぐらいだから今年はこのぐらい」という程度で造っている蔵もある。原価計算もできていない。どうしたら計算できるかがわからないのがほとんどだ。酒をいくらで売っているという根拠がない。なんとなく売っているというのが多い。厳密にいえば、九割が計画を立てていないのでは、と思われる。少し足りないから増やそうとか、余ったから減らそう、ということで決めている。造ったどういう酒が売れて、どういう酒が余ってしまうのかを分析していない。

といっても、ほかの業界の大企業でも最近はうまくいっていない。何万人も従業員を抱える電機業界でもどのくらい売れるかを読み切れず、過剰な在庫を抱えている。そんななか、従業員が多くて二〇人程度という中小企業が多い地酒のメーカーにしっかり見通したものをつくれといっても酷かもしれない。

厳密に計画を立てればいいか、というと必ずしもそうでないケースもあり、このへんが難しいところだ。

■酒造家の質

変な話だが、酒造家はあまり頭がよすぎてもダメで、悪すぎるのは論外。酒蔵でうまくやっている人で超一流大学を出た人は少ない。中の上から上の下の辺が適しているようだ。なぜなら酒造りの業界ほど矛盾した業界はないからだ。そんななかに入ると頭のよい人間は狂ってしまうようだ。不本意なことばかりだからおかしくなってしまうのだろう。

酒造家には妙に東大出が多いが、あまり成功していない。頭が切れすぎるのだろうか、酒を見るより、妙なものに首を突っ込んでくる。東大出でうまくやっているのはほんのわずか。鳥取県にも東大の法科を出た秀才がやっていた蔵があるが、うまくいかなかった。

ただ他の業界をやめてこの業界に入ってくる人材はだいたい成功する。繊維業界から転職した岡山の酒蔵の人間を知っているが、酒蔵に入って、業界のやり方を「そんな馬鹿な話はない」と思ってびっくりし、「これはえらいところに入った」と思った、という。しかし転換は早く、運命だからと続けた。小さな蔵で瓶詰めすらしていなかったが瓶詰めを始め、市場に出荷した。しかし地元では一切売らずに、ルートをつくり東京のデパートだけで売った。

その結果、東京で「なかなかいい酒だ」という話になって今度は地元でも売れ始めた。いまでは岡山でも指折りの酒造メーカーになっている。

そんな考え方は酒造家はしない。子どものときから酒屋で、大きくなってみたら自動的に酒屋の社長になっていたというのでは、なかなかうまくいかないようだ。

環境

微生物を扱う酒造家にとって、自然環境は重要な問題だ。当たり前のようだが、酒造りにも環境がよいところがベストだ。環境がよいところとは、まず人口の少ないところだ。昔は人口密集地には酒造家は少なかった。空気もよく、騒音もなく、水もよいところに酒造家が蔵を開いていた。いま、そういう場所を選ぶとすれば、結局、開発の遅れたところになる。

よい環境と思っていても、開発が進み、環境が悪化してしまうケースがある。酒造家の有無とは関わりなく、開発によって環境が変わってしまう。代表的なのは灘だ。あそこは昔は人口も少なかったし、水も空気も綺麗《きれい》だった。いまでは騒音などで落ち着いて酒造りをするようなところではなくなった。しかし、場所を変わることは膨大な費用がかかり難しいので、植樹や深井戸などで対応しているところもある。

大手のある灘や伏見に比べると、新潟とか長野とか秋田、山形であるとかは環境はよい。ただ環境がよければ自動的によい酒ができるかは別の話だが、やっぱり水や空気など条件のよいところに酒造業が発展する要素があるようだ。

繰り返すようだが、環境でもっとも重要なのは水だ。米は買ってくることができるし、仕込み水程度はどうにかなるけれど、酒造りには使用水がかなりかかる。これは仕方なく上水道を使わなくてはならない。これらの理由から、これから酒造家を始めようというのならやっぱり環境のよいところに蔵を構えたい。

ただ現状では環境のよいところで造られているのは酒造量の二割程度だ。「環境のいいところ以外のは酒ではない」と言ったら大手は全部駄目になる。もとはよいところで造っていたのに、まわりが変わってしまったのだ。では場所を変えろと言われても装置産業だけにそう簡単にはできない。

立地だけではなく「蔵の環境」を維持するのも重要だ。このためにも手入れは欠かせないが、蔵そのものがいまは変わっている。昔は蔵の建物も桶も木造で、道具も木造だったのでいろいろと手入れをした。最近は建物がコンクリートでできていて、ホーロータンクに変わったので、昔ほど手入れを必要としない。少し前までは床が土間だったので水はけが悪かったが、いまはコンクリート、道具などもアルミに変わっている。カビを防ぐ技術の発達もあって、大敵のカビが生えづらくなり、手入れが少なくて済むようになった。

昔は九月下旬から一〇月にかけて「秋洗い」という作業があった。これは蔵の連中が来て、蔵を綺麗にした。全部洗って、殺菌して乾かした。秋は空気が澄んでいて、ちょうどよかった。桶も湯籠《ごも》りして殺菌して綺麗にした。

いまはこの風習がなくなったが、まだ木造のものはたくさんある。麴室《こうじむろ》にある麴蓋《こうじぶた》などだ。これは、いまは酒造りの季節になって蔵に入ってから手入れをするが、これはまちがいで、本当は秋にやらなければならない。「秋洗い」はいまはやっていないところが多いが、これは蔵の連中を呼べば賃金がいるからで、経費節減のために必要なことをやらなくなっているようだ。これはどうかと思う。「よい酒を」と思うのなら、「秋洗い」を復活させたほうがいい。

第3章　極意——これが「純米酒」造りだ

現在多くの酒造家が、昔には考えられなかったほど米を白く搗《つ》く。

では、米を高精白すれば、自動的に立派な酒を造り得るかと言えば、それほど問題は単純ではない。

米が白ければ白いほど原料処理には高度な技術を要するものであり、たとえば精米歩合六〇%でよい酒を造る腕のない人が、五〇%の米を使ったところで失敗するのは火を見るよりも明らかだ。それが四〇%や三五%なら何をか言わんやで、そうしてできるのは吟醸酒ではなくて〝米の白い普通酒〟でしかない。

立派な酒を造ろうとするならば、ただ単に米が白ければよいというものではなく、また二重タンクなどの設備が整っていればよいというものでもなく、酒造りには、次の三つの要素が不可欠である。

心臓

これには二つの意味がある。

まず第一に、冬の蔵内は寒く、反対に麴室《こうじむろ》は、室温三〇度以上の汗だくの世界である。その寒暖の差が大きい場所をたえず往き来するので、心臓疾患のある人には酒造りは肉体的に無理だ。

次に、時流に押し流されるのではなく、「自分のやっていることが、どこまで世間に通用するのか」と真っ向から時代と勝負する強い闘争心を持っているか。その意味での強心臓（度胸）が必要である。

辛抱（忍耐力）

酒造りは毎日、早朝から深夜まで、一見単純そうに見えて、肉体と精神を酷使する、いっときも気の抜けない作業が延々と続く。向上心を失くしてマンネリになったら終わりで、そのためには粘り強い忍耐力が要求される。

勘

吟醸造りの場合は数値や理論だけでは推し量れない奥深さがあり、時には剣が峰を踏破するように、ギリギリの選択を迫られる場面に遭遇する。一歩まちがえたら、それまでの苦労も水の泡であり、透んだ感性に裏打ちされた鋭い勘が勝負の決め手となる。

この三つのうち、どれか一つが欠けても吟醸の造り手としては失格であり、全部ないのなら、酒造りなど最初からやらないほうがマシである。

どんな米質であっても、それに見合った原料処理のできる勘のよさ。一瞬の蒸気の香りの変化を鋭敏に感じ取ることのできる集中力。そして、他人のやれないことを辛抱強くやり通す向上心。そして天狗にならぬよう、心のなかに謙虚という名前のブレーキを持っていることも大切である。

玄米から出荷まで

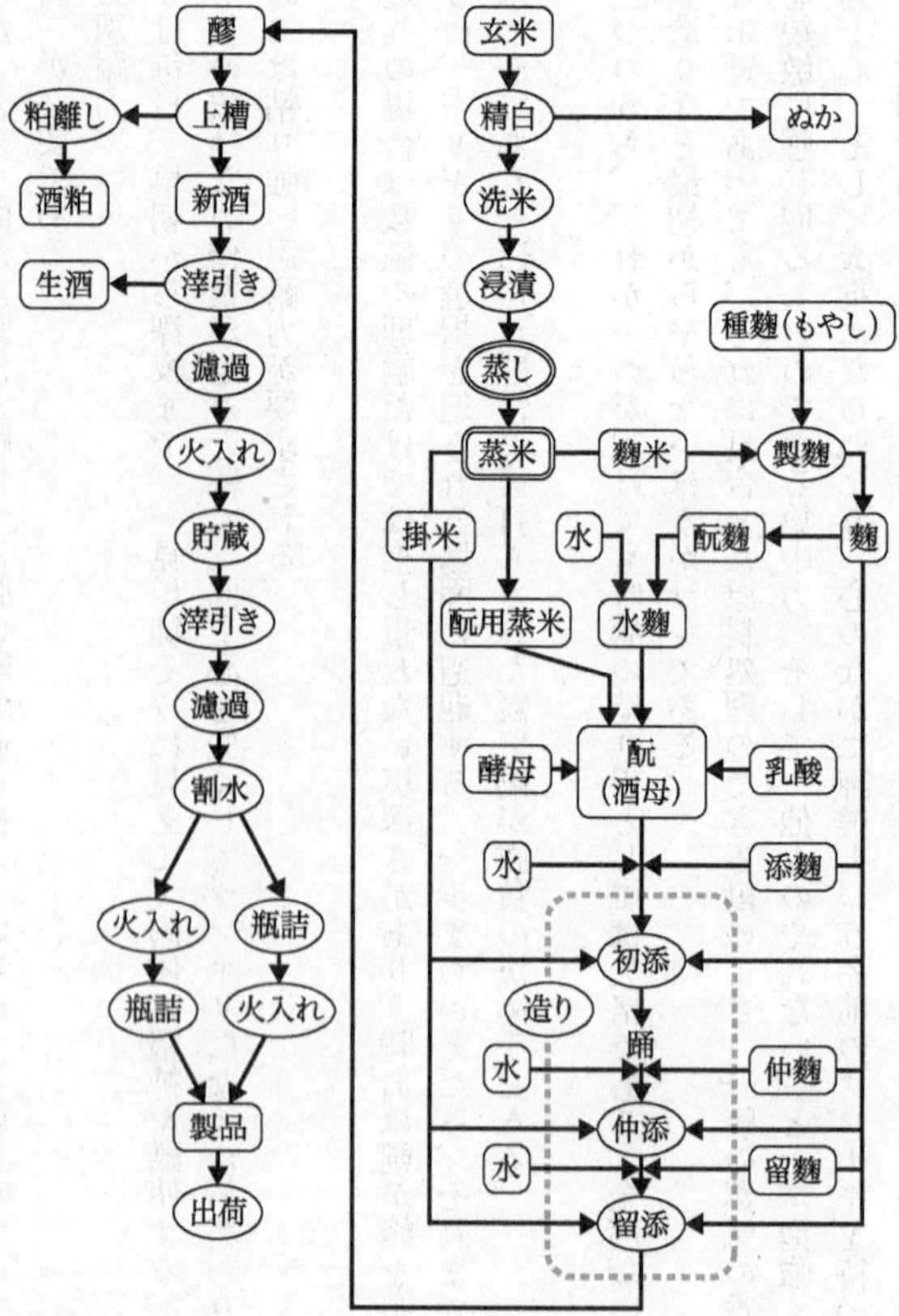
醪
上槽
粕離し
酒粕
新酒
滓引き
生酒
濾過
火入れ
貯蔵
滓引き
濾過
割水
火入れ
瓶詰
瓶詰
火入れ
製品
出荷
玄米
精白
ぬか
洗米
浸漬
種麹(もやし)
蒸し
蒸米
麹米
製麹
掛米
水
酛麹
麹
酛用蒸米
水麹
酵母
酛
(酒母)
乳酸
水
添麹
初添
造り
踊
水
仲麹
仲添
水
留麹
留添

基礎がしっかりしていれば、むやみに米を白く搗《つ》かなくても、飲み手の舌を釘づけにできる。〝鼻曲がり〟の酵母に目の色を変えなくても、その技術の素晴らしさを飲み手に伝えることはできる。吟醸酒とは、「一人一芸の心と技で、わずかな量を丹精込めて造り、自らの人生観を世に問う」という限りなく芸術に近い要素を秘めた酒なのである。

仕込配合

蒸米の配合比と汲水《きゆうすい》歩合比

後で説明するが、日本酒は「初添《そえ》」「仲添《なか》」「留添《とめ》」の三段階の掛米に蒸米から造る「麹」を加えて徐々に発酵させる。これが三段仕込みだ。その際の蒸米の配合比は、初添一に対して仲添二、留添三が標準である（表の場合、一対二対三である）。

それに対して、留添の値が小さくなると（例、二・五～二・七など）湧き進み型となり、このやり方を「純米酒」に応用すると、ふくらみのない平板な酒質になりがちである。発酵《せ》が急くので低温長期醪《もろみ》を維持するのは難しい。

反対に、留添の値が大きくなると（例、三・五以上）湧き抑え型となり、三段仕込みではあっても、四段を打ったような鈍重で冴《さ》えない酒質となり、よい米を高精白する意義を失う。

仕込配合例（速醸酛の場合）

	酒母	初添	仲添	留添	四段水	計
総米	60	190	300	470	―	1,020
蒸米	40	130	250	380	―	800
麹米	20	40	50	90	―	200
汲水	70	200	360	730	40	1,400

酒母歩合6.6%、麹歩合20.0%
汲水歩合136%（留添まで）　140%（追水まで）

以上のことから、たとえば低濃度酒などの特殊な場合を除いて、留添の値は、なるべく三から三・三の範囲内、最大でも三・四以内とすべきであり、全体としては、あくまで「一対二対三」の基本比に近づけることが重要である。

初添、仲添、留添の汲水《きゅうすい》歩合比は水質によって異なる。水を詰めれば濃厚な酒質となり、水を延ばせば薄い酒質となる。水の力が弱い場合には汲水を延ばすものであるが、あまり汲むと粕《かす》が抜ける（少なくなる）原因となる。

未納税の時代が過去のものとなり、割水のきく濃厚な酒質が敬遠されて、淡麗な酒質が好まれるようになった現在、かつては一二〇%が標準的な汲水歩合だったものが、今日では四段水まで含めると一四〇%まで汲むのが標準となっている。

吟醸造りの場合、杜氏によっては四段水を汲むのを嫌う人がいるが、醪の状態を緻密《ちみつ》に管理した上で、発酵の状態に応じて積極的に四段水を活用すべきである。

酒母歩合

酒母歩合は生酛《きもと》や山卸廃止酛《やまおろしはいしもと》の場合、六・〇から七・〇％が標準である。

速醸酛の場合も六・〇から七・〇％が標準である。

高温糖化酛の場合は、速醸酛よりもやや少なめの四・五から五・〇％以内とすべきである。

いずれの酒母の場合も、酵母数の大小ではなく、強健精鋭の酒母を育て、それを必要最小限の範囲で用いるべきである。

麴歩合

標準的な麴歩合は二〇から二一％である。

安全策を講ずる意味で麴歩合を大きく（例、二二から二三％）する場合があるが、これでは味が濃くなって好ましくなく、糖化力の強い突き破精《はぜ》型の麴を造ることが大前提である。

なお、自動製麴《せいきく》装置を使った場合は、破精落ちが皆無に等しく、そのままでは味が濃くなるので、蓋麴《ふたこうじ》や箱麴《はここうじ》の場合と比べて麴歩合を二％くらい控え、一八％から一九％の歩合がよい。

精米

精米は、手づくり的な要素が随所に残る酒造りで唯一、現代では装置産業化が進んだ工程である。

大昔は水車で精米していたが、その後、飯米用に使われている横型精米機が登場した。これは米の外側を擦り取る方式で、現在の精米歩合でいうと八五%くらいが限界だった。

戦後、醸造用の竪《たて》型精米機が登場した。これは円筒状の金剛砂ロールで米を削り取る方式で、タンク中央部のロールを高速回転させて金剛砂の鋭いエッジで米の表面を削る。これによって精米技術は向上し、高精白が可能となった。

かつて精米は、造りと比肩するくらいに重要な工程とされ、酒造りをする側の杜氏に対して「精米杜氏」という呼称もあった。福井県の大野地方などで多くの精米杜氏を輩出し、最盛期には約二〇〇〇人の精米師が、福井から全国の酒蔵へと赴任したという。

蔵には、各地方出身の精米師が在籍し、現在と比べればお粗末だった精米機の性能を技術でカバーして、金剛砂ロールのわずかな傷や、分銅のわずかな狂いや、ホッパーのなかを流れる米の品温に細心の注意を払った。吟醸の精米ともなれば、深夜の運転音に耳を澄

精米機

異物センサーのついた精米選別機

ませ、最後には米粒と米粒との摩擦だけで米をゆっくりと削り取り、三昼夜以上もかかって精米したものである。

そのころと比べると、現在では機械の性能が飛躍的に向上し、米の品温、ロールの回転数などをコンピュータで制御する「全自動精米機」が登場し、精米師の技術よりも、どんな種類の機械を使っているのか、が重視されるようになった。なかにはセンサーがついて、不揃いな米、異物などを取り除いて精米する機種を使う蔵もある。

ただし、どんなに優秀な機械を使っても、作業を急ぐあまり、搗精《とうせい》中の品温を上げっ放しのままで作業したりするとよい結果は得られない。その意味で機械は万能ではなく、昔ほどではないにしろ、精米に対する見識と技術が要求されるのである。

精米機の大きさは金剛砂ロールの直径で表わされ、一八インチのものを一八型、二〇インチのものを二〇型などと呼び、近年は三〇型など、大型のものが多くなっている。

金剛砂ロールのメッシュ（一インチ四方の粒の数）は以前は五〇や六〇メッシュ（金剛砂の粒の大小を示し、メッシュの数値が大きいほど粒が小さくなる）だったが、近ごろでは八〇メッシュのものが登場し、全自動の機械では、ロールの回転数を毎分一二〇〇から六〇〇まで、搗精《とうせい》の進み具合に応じて任意に調節できるようになっている。

ただし、金剛砂ロールに傷が付いていたり、古くなって表面が磨耗していると電気ばかり浪費し、つぶれた米ばかりとなる。ロールの寿命は、ロールの硬さとメッシュとによって異なるが、おおむね八〇〇〇俵から一万俵が限度であり、数年に一度は交換する必要がある。なかにはいつ交換したのか蔵元の記憶がないほどのロールを使っている場合があるが、これでは最初からよい精米は期待できない。

精米歩合についても、次の三種類がある。

見かけの精米歩合（％）＝（白米キログラム÷玄米キログラム）×一〇〇

真正精米歩合（％）＝（白米一〇〇〇粒重÷玄米一〇〇〇粒重）×一〇〇

無効精米歩合（％）＝真正精米歩合 −《マイナス》 見かけの精米歩合

無効精米歩合は、理想的には二％以内であり、現実には五％以内であればよい精米であると言えるが、精米技術の巧拙や、自家精米が減って共同精米が多くなったことなどによって、一〇％前後であることも珍しくない。

搗精《とうせい》を終えた白米の良否は新米古米判定試薬を使えば胚芽《はいが》や溝が残っていないかどうか調べることができる。ことに共同精米の場合は、どうしても作業が雑になりがちなので、白米の良否を入念に調べて、無効精米歩合を極力小さくする努力が必要である。

滑面精米（表面がツルツルに磨き上げられている状態）だと吸水しにくくなる。

玄米の水分は一四％から一五％であるが、白米の場合は、精米時の熱で乾燥して、吟醸酒用の米だと一〇％から九％まで水分が減る。

乾燥した状態の白米を洗米、浸漬《しんせき》すると胴割れが生じたり、粉々に砕けてしまいやすいので、枯らし期間（精米終了時から洗米までの期間。米の品温を下げる目的がある）中に白米の水分を調整して、水分が一三％くらいの白米を使用するのが望ましい。

日本海側の多湿地帯では、枯らし期間中に、通気性のある袋に白米を入れて放置しておくと、空気中の水分を白米が吸って、約一ヵ月間で約一二％から一三％まで水分が戻る。

ただし、この方法を太平洋側の乾燥した地域で行なうと、逆に白米がさらに乾燥してしまう。つまり、酒造場が位置する場所によって、枯らし期間中に白米を保管する袋を選別しなければならない。

次ページの表のように、従来は多湿型だった地域（表では鳥取、松江）がわずかずつ乾燥化する傾向にあり、逆に従来は乾燥型だった地域（表では東京、広島、福岡）では、年を追うごとに多湿化しつつあり、そして全国的に、暖冬の傾向が続いている。この気象条件の変動によって、従来どおりの感覚で原料処理（洗米、浸漬）を行なうと、吸水過多になったり、逆に吸水不足になってしまうので、使用時における白米の水分量を正確に把握して、的確な原料処理を行なうことが重要である。

吟醸米の洗米、浸漬は「限定吸水」が基本である。

しかし、限定吸水の技術を持った熟練者が不足しているため、精米歩合五〇％ならまだしも、三五％や四〇％の米を少量ずつ、かつ正確に限定吸水することは次第に難しくなり

主要都市における、月ごとの平均湿度(%)

12月

	東京	広島	福岡	鳥取	松江
平成8	45.1	60.0	53.1	59.1	66.3
9	48.0	55.0	57.0	57.0	63.0
10	49.2	47.5	52.0	57.3	58.7
11	38.3	48.0	49.2	60.3	60.0
12	37.9	51.6	51.1	56.1	58.1

1月

	東京	広島	福岡	鳥取	松江
平成9	32.3	49.6	54.6	65.6	66.3
10	50.3	54.4	60.6	66.0	65.1
11	34.9	48.7	48.3	64.3	58.6
12	43.7	53.4	57.1	65.8	68.8
13	36.9	52.8	59.3	69.8	63.5

2月

	東京	広島	福岡	鳥取	松江
平成9	38.0	50.0	48.7	60.5	58.0
10	50.6	54.0	56.0	56.4	61.6
11	37.1	47.8	48.8	63.8	61.7
12	30.4	47.5	47.3	65.6	65.0
13	39.4	53.1	55.9	61.5	62.8

つつある。

洗米・浸漬

洗米は第二の精米である。つまり、洗米が不十分だと米の表面に糠《ぬか》分が残っているので、結果的に米が黒いのに等しく、せっかく米を高精白した意味がなくなる。

昔は、水を張った半切桶のなかに米を入れ、それを足で踏んで洗った。足がひび割れて血が滲《にじ》み、文字どおり身を切る痛さと冷たさに耐えての作業だった。

やがて手廻し式の洗米機が登場した。足で踏むよりはいくらか楽とはいうものの、これを使うのは重くて、重労働だった。

その後、動力を用いた各種の洗米機が開発され、洗米の効率は大幅に向上した。

林田式洗米機（林田機械製）と呼ばれるものは、ホッパーから米を入れ、スクリューによる水流で米を洗いながら送り、網になった円筒を回転させながら汚れた糠水を切り、仕上げにシャワーをかける構造で、仕込みが大型化するにつれて姿を消した機種だが、合理的な構造で、小規模な酒造場ではいまも現役で活躍している。

ただ、精米歩合五〇％以下の吟醸米の場合、米が軟らかく、普通の洗米機を使うと米が砕けてしまうので、麻布のなかに米を分け、それを水を張った半切桶のなかに浸し、人間

洗米

が手作業で洗う昔ながらの方式が多く行なわれている。

醪の一仕込みの大きさが五トン、一〇トンと大型化した今日、旧式な洗米機を使用したのでは時間的に間に合わないので、普通酒用の米はもちろん、大吟醸の米でさえ「洗米輸送」で処理する酒造場が増えつつある。

洗米輸送とは、精米所などから浸漬タンクまで、水と一緒に米を送る方法である。ホースが長ければ（たとえば一〇〇メートルくらいあれば）、いくぶんかは洗米の効果があるが、洗米機のように水の渦がなく、ただ単にホースのなかを水と一緒に米が流れていくだけなので、洗米の効果は十分とは言えない。また、送られてきた米が、浸漬タンクの底から溜まっていく関係上、浸漬槽の場所によって米の吸水率が異なり、限定吸水を行ないにくい欠点がある。

このように、酒造場の規模によって、あるいは米の精白に応じて、さまざまな方法で洗米が行なわれているのが実状である。

洗米、浸漬時の水温は、米の品温に対して最大でも五度以内、たとえば米の品温が五度ならば、水温は一〇度以内であるのが望ましく、米の品温と水温と同一なのが理想的である。

温度差が五度以上あると、洗った米の表面が粘って芯まで吸水しない。このような状態の米を蒸すと、表面が糊《のり》のようになって、芯の部分が半生のような蒸米になってしまう。

このような状態の蒸米を使って製麴《せいきく》（麴を造る）すると、麴菌が芯まで破精込まないので、糖化力の弱い麴になってしまう。

早い時期からの造りや暖冬などで、米の品温が一五度以上ある場合には、水温は必ず一五度以下に抑えなければならない。これを怠ると、この場合も米の表面が粘ってしまうので、水温には十分な注意を払うことが必要である。

米に、どこまで水を吸わせるか。つまり、限定吸水の終わりを見きわめる一瞬に、杜氏は神経を擦り減らす。その勘どころは人によって微妙に異なるが、おおむね、米が八分目まで水を吸い、中心に白い目玉が残った時点で水を切れば、水切り後約三〇分で芯まで吸水するようである。

洗米時間を含めた浸漬時間は、たとえば、同じ精米歩合四〇％の山田錦でも、大凶作で米が異常に脆《もろ》かった平成五酒造年度には一分強（浸漬する余裕がほとんどなかった）、その反対に大豊作であっても、高温障害で米が異常に硬くて吸水しにくかった平成六酒造年度には約一〇分であり、地域と品種によっても異なる（他の地方が米で泣かされた平成五、六両酒造年度においても、福岡産山田錦の品質は安定していた。これは恵まれた気候と、高い農業技術によるものである）。

毎年のデータを集計して浸漬吸水率を算出すれば、麴米で三〇％から三一％、掛米で二八%から二九%くらいであるが、これはあくまで数値上の結果であって、米の状態を考えず、安易な経験主義に陥って、データだけを頼りに作業するようでは、とても造りの成功はおぼつかない。

だから造りのかかりに、普通酒や六〇%クラスの米で、その年の米の傾向をいち早く見極め、それに素早く対応できるかどうかが、原料処理の成否を分ける。

ステンレス製のザルの場合、水切りがよいので、いわゆるザル返しは不要である。角材などにもたれかけさせて、わずかに傾斜させておくだけで十分であり、翌朝には、ザルごと持って甑《こしき》（大型の蒸し器）に米を張り込めるので能率的である。

なお、吸水率は、使用する酵母によっても変える必要がある。

9号系の酵母を使用する場合には、製麹の仲仕事から仕舞仕事までを短時間で駆け抜け、最高温度を高く取るので、そこまで品温を上げるのに見合った水分量が必要だから、やや重めの蒸米に仕上げるべきであり、反対に、あまり最高温度を高く取る必要のない7号系の酵母の場合には、やや軽めの蒸米とすべきである。

それぞれの酵母の種類によって、製麹のやり方と蒸米が変わる。そのことを念頭に置いて、浸漬時の吸水率も考慮すべきであり、酵母だけはいろいろ使ってはみるが、造りは皆同じ、では話にならない。

水切りの終わった米が所定の水分量に達していない場合、ジョウロや霧吹きなどで散水していることがあるが、いったん吸水した米は細胞間隙《かんげき》が（草花が花弁を閉じるように）閉じており、芯まで吸水せず、表面だけが過吸水となって粘りが出るので、やはり浸漬時に、いかに所定の水分率まで正確に吸水させるかが重要である。

なお、水切り後の米を、簀《す》の子の上で薄く晒《さら》して、翌朝まで放置している例があるが、品温が下がるほど蒸米の表面が軟らかくなって、造りに支障を来すので、ことに寒冷地では、使っていない酒槽《ふね》の笠などの内部に洗い米を入れ、その上から保温用の布をかけ、米に風が当たらぬよう配慮しなくてはならない。

蒸きょう

蒸米は酒造りの基本で、麹のでき具合、酒母の味、醪の香味に重要な影響を与える。

蒸米の理論的な目的は、白米のでんぷんをアルファ化（糊化《こか》）して麹菌の繁殖を容易にし、掛米では麹の酵素作用を受けやすい状態にし、かつ熱で殺菌を行なうものである。この作業は以後の酒造りの優劣を決定する重要なもので、「一に蒸米《むし》、二に蒸米、三に蒸米、四、五がなくて、その次に麹」と私が提唱する所以《ゆえん》である。

よい蒸米の形状を、一般に「外硬内軟（外部が締まっていて内部が軟らかく、弾力がある）」と称する。この形状は麹にすれば突き破精《はぜ》麹（菌の食い込みのよい麹）になりやす

蒸し

く、酒母はサバケがよくて香りが立ち、醪では泡のサバケがよく、よい香りがして旨味《うまみ》がのる基となる。これは、米の中心部のもっとも白い(良質な)部分を酒にして、外側の黒い部分を酒粕にする考え方で、外硬内軟の蒸米にいたる努力をすることによって、よりよい酒造りが可能となる。

蒸気が米の層を通過するときの抵抗は、吹き抜けるまでが大きく、その後は急激に小さくなる。このことから、甑《こしき》の蒸気漏れや不均一に蒸気が上がった場合、蒸気は早く吹き抜けた箇所により通りやすくなり、片抜け現象を起こして均一な蒸米になりにくい。

ここに、抜ける蒸気に合わせて、抜け掛けで丁寧に米を置く意義がある。昔は抜け掛けが当たり前だったが、最近では、あらかじめ甑《こしき》の内部に米を全量張り込んでから蒸す場合が多い。

蒸気に顔を吹かれ、かつ忙しい大変な作業ではあるが、酒質向上のためには、この〝戦前の常識〟の重要性が見直されて然《しか》るべきである。

釜に水を張る際、水の張り具合が多すぎる場合が少なからず見受けられる。これは釜が割れるのを怖れてのことであるが、これでは、なかなか湯が減らないので、飽和蒸気が得られない。昔は〝釜割り杜氏〟と言って、釜の一つや二つは割らなければ一人前ではないと言われたものである。

釜の鍔《つば》上三寸（一〇センチ）まで少なめに水を張り、始めチョロチョロ中パッパで、つまり、最初はやや控えめな火力で、後半は最大の火力で蒸米を締める。

蒸きょう時間を一時間と仮定して、後半のパッパの部分が三〇分なのか、二〇分なのか、一〇分なのか、それは設備と米質、その日の気圧などによって微妙に異なるが、蒸米の完蒸を判定するには、甑《こしき》から立ち昇る蒸気の香りを嗅《か》いで判定するしかほかに術《すべ》がない。

最初に若草の香りがして、それが消えて干草の香りになり、そして「一日置いたひねり餅を焼いたときの香り」になればよいのだが、昨今は、この完全なる蒸米には、滅多にお目にかかれない。

これは昭和四〇年代に流布された、短期蒸し理論の弊害である。この理論は、一五分から二〇分くらい蒸せば米のでんぷんはアルファ化するというものであり、時間と燃料を節約できるというので全国的に普及した。

たしかにでんぷんは、二〇分も蒸せばアルファ化する。しかし、蛋白質《たんぱく》を完全に変性させるには、それよりも遥《はる》かに長い時間を要するものである。それに加えて、農薬や化学肥料で育った現代の米は、細胞間隙が粗くて脆い。つまり、昔の有機栽培の米と、現代の米とではまったく性質が異なるのであって、その点を考慮して現代の米は、最低でも一時間以上、米が脆い年には、一時間半くらい蒸さなければ完全に蒸し上がった旨い香りにはならない。

蛋白質の変性が不十分な蒸米を仕込みに用いると、平板でふくらみがなく、素直な旨味が感じられない、どことなくもっさりとした酒質になりがちである。

米が学問的に変性したから蒸米が変わるのではない。酒造りにおける蒸米とは、「現場の造り手にとって使いやすいこと」こそがよい蒸米の基本であり、そのためには、刻一刻と変化する蒸気の香りを鋭敏に感じ取り、煙突からの排気がわずかに、薄い番茶のような色をしているくらいの強い乾燥蒸気で蒸米を締める。それが高度な原料処理の秘訣《ひけつ》である。

蒸し方

甑《こしき》から蒸気が上がり始めたら箕《み》やザルを使って、その蒸気に合わせて、そっと静かに米を張り込む。先に置いた米の層を蒸気が吹き抜けたら、その上に米を順次置いていく方法で全量をかけ終わる。これが「抜け掛け」で、一石（一五〇キロ）の米を五分以内でかけ

連続蒸米機

るのが標準である。

蒸気に顔や手が吹かれて熱く、かつ忙しい作業ではあるが、ベルト・コンベアを使って米を張り込めば省力化できる。

近年は、釜の点火と同時に米を全量かけてしまったり、前日の夕方からあらかじめかけておくなど簡略化されがちであるが、これでは片抜けなどになりやすく、気温の高いときには赤飯《あかめし》となることもあるので好ましくない。

全量が無理ならば、あらかじめ普通酒の掛米のみを張り込んでおき、その米の層を蒸気が抜けてから、せめて麹米や、吟醸用の米だけは抜け掛けで置くべきである。

蒸気の吹き抜けを確かめたならば、米の表面に麻布を二、三枚かけて肌が冷えるのを防ぐ。

このままでも構わないが、帆布を甑《こしき》にかけておけば、水蒸気やゴミが米の上に落ちるのを防ぎ、また多少ではあるが、蒸気の抵抗を強める役割を果たす。

蒸気温度が低いと、立ち昇る蒸気が白くもやって見え、つかんでみると手に湿り気が残る。それに対して飽和、乾燥蒸気の場合は、甑《こしき》を挟んで蒸気の向こう側が透けて見え、つかんだ手はサラリと乾いている。そして、天井に向かって一直線に吹き抜けるような蒸気ならば蒸気量、通過時の速力ともに申し分ない。

そして前述のとおり、若草の香りが消えて干草の香りに移行し、「一日置いたひねり餅を焼いたときの香り」になれば蒸し上がりである。

蒸し上がったら、ひねり餅を揉《も》んでみる。サバケがよく、揉み始めには硬く感じても、弾力があって、次第に伸びがよくなれば合格であり、ブツブツと切れるようでは不十分である。

昨今では、ひねり餅を揉む人が少なくなったのは残念である。

その場合は、麹室《こうじむろ》に引き込んだ蒸米の香りを嗅いでみるとよい。ある老杜氏は、「青笹の香りがすればよいんだ」と言うが、これは人それぞれに形容する言葉が違うだけで、私が言わんとすることと中身は同じである。

放 冷

放冷機

放冷

蒸し上がった米は、一般的には放冷機で荒息を抜いてから、麹米は麹室《こうじむろ》へ、酒母の掛米は酒母室へ、醪の掛米は仕込みタンクへと運ばれる。

麹米を放冷機で冷却せず、そのまま試桶などで麹室へ引き込むことを〝鉄砲〟と言う。これは、放冷機で冷却すると、米の表面だけが冷え、芯まで冷えていないので、次第に品温が戻ることを避けるためである。

ただし、麹室に直接引き込むと、品温の降下に長い時間を要するので、麹室の前の通路、または前室で荒息を抜いてから、四〇度ぐらいで引き込むのが一般的である。

■三流の経験主義

酒造場で、甑《こしき》から蒸気が立ち昇っている。

蔵人は仮眠しているらしく、私はひとり、甑の側で蒸気の香りを嗅いでいる。

糠の臭いを含んだ水っぽい香りが消え、青っぽい若草の香りとなる。そして午前八時、干草様の香りになって、あと一〇分ほどで蒸し上がりと思われる。

ところが釜屋（蒸しの担当責任者）が会所場から現われ、そそくさとバーナーの火を消してしまったので、その理由を私は杜氏に尋ねた。

杜氏「これ以上、蒸していると仕込みが遅くなって、一〇時の休憩に間に合いません」

私「まだ、蒸米の香りが若いのだが」

杜氏「そう言われても、うちは昔から、この時間に蒸米を取ってます」

私「杜氏さん。ここに来て、蒸米の香りを嗅いでみなさいな」

杜氏「はあ。蒸米に香りがありますか」

蒸米が完全に蒸し上がるまでの所要時間は、原料米の品種や精米歩合、その日の処理量、気圧などによって微妙に異なる。だから、この朝の時間帯、刻々と変わる蒸気の香りを知らずして完全なる蒸米には出会えない。

時間が足りないというが、何が何でも一〇時から休憩せねばならぬというものではなく、それが嫌ならば、朝の始業を早めればよいだけの話である。高齢者が多くなり、ひと区切りつけて早く一服したい気持ちはわからないでもないが、よい酒を造ることを目的として仕事しているのだから、蒸米完蒸が最優先の課題であり、休憩の合い間に酒を造っているようでは、お手上げである。

見ていると、麹米の引き込みが始まった。

この蔵の場合、放冷機の吐き出し口から麹室の入り口までは直線距離で一〇メートルもないのだが、わざわざエア・シューターのホースを引き回している。

麹米の引き込みにシューターを使ったのでは、蒸米の形が崩れやすく、一緒に雑菌まで引き込んでしまうので好ましくない。それに至近距離ならば、麻布やプラスチックの桶などを担いで引き込むほうが作業効率がよく、それが嫌なら台車を押して運べばよい。近かろうが遠かろうが、結果がよかろうが悪かろうが、とにかく重いものを手に持つのは真っ平御免と思っているらしい。

そして、米の内側がまだ十分に冷めていない蒸米にもやし（種麹《たねこうじ》）を振り、布でくるんで、彼らは麹室から出て行った。

「三つ子の魂、百まで」と言う。杜氏の技術というものは本人の資質ももちろんだが、若いころ、どんな考えを持った先輩杜氏のもとで修業したのかが、その人の一生を占う重要な鍵になる。

普通酒ばかりではあっても、これだけは曲げられないという基本を守り、身を切る水の冷たさに耐え、抜け掛けの蒸気に顔を吹かれ、破精込まぬ黒い米に切り返しの掌《てのひら》を真っ赤に腫《は》らし、いつか白い米で吟醸酒を仕込める日を夢に見て、若いころから研《けん》鑽《さん》を積んできた杜氏なら、吟醸の仕込み本数が増えても、基礎がしっかりしているから、どんな時代にも対応できる。そして、彼の人間的魅力と技術力に薫陶を受けて、後継者も育つ。

だが、これが、醪が湧きさえすればいい、味はどうあれ酒になればいい、賃金さえもらえば後は知らぬ存ぜぬ式の杜氏のもとで育つと、まともな造りの経験が一度もないので、よい造りとはどんなものかが見当がつかない。酒質や造りに何らかの指摘を受けると、「俺には長年の経験があるのだ」「文句があるのなら、あんたがやってみろ」と自分の殻のなかに閉じこもってしまう。

こういう「三流の経験主義」は、蒸しや引き込みの手抜きのほかに、たとえば洗米不十分やルーズな醪の品温管理、醪の若搾り、蔵内の清掃不十分、生活面では朝からの飲酒や、蔵内での人間関係の不和などの弊害となって現われる。

戦前までは考えられなかったこのような手抜きが当たり前の風潮を生んでしまったところに、アルコール添加・三倍増醸酒を前提とした造りの、最大の罪がある。三流の経験主義が横行する環境では後継者が育つべくもない。

彼らに普通酒は造れても、吟醸酒を造る知識と技術はない。向上心を持たないかぎり技術は身につかず、もう普通酒の時代ではないのだから、それに相応《ふさわ》しい技術を持った杜氏を探すことが先決である。

しっかりとした技術を持ったベテランと、技術的には未熟ではあっても意欲的な若者とが半々の、そういうバランスで蔵内の人員構成を考えるべきで、どうすれば人が集まり、将来にわたって造りを続けることができるのか、それを考えるのが蔵元の仕事である。

麹

昔から、「一に麹、二に酛、三に造り（醪）」と言い、麹造りこそが酒造りにとって最重要の課題であると考えられている。

だが、蒸米がお粗末なのに、麹は立派ということは万が一にもありえず、いつの時代にも外硬内軟のよい蒸米があってこそ、優秀な麹を初めて造りうる。

麹は蒸米に麹菌を繁殖させたもので、麹内で生産された酵素の作用で蒸米を分解、溶解するばかりでなく、麹内に生産された麹菌の代謝産物（糖分、アミノ酸、酸、色素、芳香など）が清酒の風味をも形成する。

麹中の酵素でもっとも重要なものはアミラーゼで、でんぷんを分解して糖分を造り、このうちの若干が清酒の甘味成分となるほか、大半はアルコール発酵の材料となる。

アミラーゼには、でんぷんを液化して酒母や醪《もろみ》のサバケをよくする液化型（α—アミラーゼ）と、糖化を行なう糖化型（グルコアミラーゼ）の二種類があり、この両者は、ほぼ並行して造られる。

ただし、温度など製麹《せいきく》条件を極端に変えると両者の均衡が崩れ、糊だらけで糖分が少ないといった現象が酒母や醪に起こりかねない。またα—アミラーゼは高温、酸性の環境に弱いので、高温糖化酛を仕込む際、最初から乳酸を投入すると、このα—アミラーゼが崩壊してしまい、団子状に固まって容易には溶けなくなってしまう。

アミラーゼの次に重要なものは蛋白分解酵素（酸性プロテアーゼ）で、米のなかの蛋白質を分解してアミノ酸やペプチードなどを造る。

アミノ酸やペプチードは清酒の旨味成分であり、酵母の栄養源でもあり、アミノ酸からは酵母の作用で高級アルコールなどの香気成分も生成されるので、ある程度は必要だが、多いと雑味の原因となるので、淡麗な酒質を求める今日では、アミラーゼが強く、プロテアーゼの弱い麹造りをするケースが多い。

製麴温度と酵素力との関係

温度＼酵素力	α-アミラーゼ	糖化酵素	酸性プロテアーゼ
30℃	弱い	弱い	強い
35	やや弱い	強い	強い
40	強い	強い	弱い

最近では、醪の仕込みに際して、麴の一部を酵素剤で代用することが当然のように行なわれているが、製成酒の味は単調で淋しく、麴を使用した際の風味にはとうてい及ばない。わずかなコスト・ダウンや省力化に惑わされて、肝腎《かんじん》の酒質が劣化してしまったのでは元も子もない。

酒造りは、あくまで酒質本位で考え、かつ実践しなければならない。

麴菌（種もやし）

麴菌は、胞子を生ずるようになると黄緑色に変わる。この胞子を乾燥させて粒状、あるいは粉状にしたものが種麴（種もやし）である。

酒造用には、麴菌の分泌する酵素を利用するのが目的で、製品としては種もやしメーカー各社から、酒母用、醪用、吟醸用、機械製麴用など、さまざまな種もやしが発売されている。

どのメーカーも異口同音に、「○○を使えば優良酒ができる」などと称しており、これは宣伝だから当然のことではあるが、種もやしは酵母と同様に、酒造りにおける一つの要素にすぎず、酒造りとは、それほど単純なものではない。

したがって、どこのメーカーの種もやしが絶対的に優れているなどということはなく、どんな蒸米なのか、そして麹室の構造や、設備と造り手の技術との相関関係が麹造りの成否を決定する。

杜氏によっては、何社かの種もやしを混合して使用する者がいるが、これでは微生物同士が変異、雑種化してしまい、どのような状貌や温度経過をたどって、どんな麹ができたのかが解明できず、出たとこ勝負の造りになってしまう。要は自らの技術に見合った、相性のよい種もやしを経験のなかから探し出して使うべきである。

麹の形状

麹菌の生育や度合いを表現する言葉に、「破精《はぜ》」を用いる。米粒を割ってみたときの菌糸の侵入した度合いを「破精込み」という。

「突き破精麹」

蒸米が外硬内軟で、麹室が適度に乾燥している場合に造り得る。

蒸米表面の菌糸の発育は表面全部を覆うことなく、破精の部分とそうでない部分がはっきり分かれていて、内部には十分深く破精込んでいる。

強い糖化力と適度の蛋白分解力を持ち、淡麗でふくらみのある酒を造る場合の基本形である。

「塗り破精麴」

麴米の表面全部が菌糸に覆われるが、内部への破精込みは浅い。蒸米が芯まで吸水せず、表面のみが吸水している場合に、この形となる。また機械製麴の場合は、この形になりやすい。

糖化力、蛋白分解力ともに弱く、製成酒の味は薄くて力がなく、粕が多くなりやすい。

「総破精麴」

蒸米の表面全体が菌糸に覆われ、内部にも深く破精込んでいる。蒸米が膨軟だったり、麴室の湿度が多い場合にできる。また、多段式薄盛製麴装置を使うと、この形になりやすい。

糖化力、蛋白分解力ともに強いが、味が多くなりがちなので、突き破精形の麴の場合と比べて、麴の使用量を一割ほど減らすほうがよい。

「馬鹿破精麴」

蒸気温度が低かったり吸水過多などの理由で、蒸米が軟らかすぎて中心部まで全体に破精が回り、握るとグニャリと固まるようなものを言う。

糖化力、蛋白分解力ともにきわめて弱く、雑菌に汚染されているおそれもあり、堅実な酒は望むべくもない。腐造の危険さえあるので使うべきでなく、原料処理を根本的に見直さなければならない。

「破精落ち」

まったく破精ていないもののことである。

蒸米の状態や製麴操作が悪い場合に、種麴が付着しないで蒸米のまま残ったもので、酒にならず酒粕になる。なお、蓋麴法《ふたこうじ》の場合、麴蓋《こうじぶた》の構造や操作の関係上、どうしても破精落ちが約一割生ずる。したがって、総米に対する麴歩合（二〇から二二％）は、破精落ちが生ずることをあらかじめ考慮に入れて酵素力を経験的に算出したものである。

薄い杉板やプラスチックの板を円状に成型した破精落ち防止器を使って、盛りの際に麴米を蓋の中央に寄せ、破精落ちの発生を防ごうとしている酒造場もある。

酵素力価の大小を、麴の良否を知るための目安とする風潮が今日では強い。

アルコール添加吟醸の場合は、醪の前半に発酵が急進し、後半は発酵が緩やかになって（前急後緩）、仮に日本酒度の切れがプラスに入らないうちに発酵が停止しても、アルコール添加によって仕上がりの日本酒度を調整できるので、醪の初期から末期までを合計した、あくまで係数上の酵素力価だけが論議の対象とされてきた。

だが、アルコール添加に依存せず、麴と酵母の自力のみで、日本酒度を少なくともプラス三、あるいは五以上まで完全発酵させるべき「純米酒」の場合、単なる係数としての酵素力価よりも、醪の初期から末期まで〝腹八分目〟で、いかにコンスタントに酵母に栄養を供給できる麹かどうかが重要である。

そして麹にとって、糖化力は最重要の課題だが、酵素力価だけで麹は語れない。醪を仕込んでから、そのなかで麹自体もある程度溶けて、清酒の香味を形成するが、溶けすぎると味の多い酒になってしまい、これでは米を高精白する意味がない。だから、醪の後半になっても麹が後溶けしないよう「蒸米を締め、ふくらみのある乾燥麹を使う」、これが私の、麹に関する基本的な考え方である。

製麹設備

「麹室《こうじむろ》」

麹室の所要面積は、製麹法の種類などにより異なる。

床揉《とこも》み、切り返しを行なう床……白米一〇〇キログラム当たり四平方メートル。

麹蓋《こうじぶた》を使用する棚（長さ）……白米一〇〇キログラム当たり五メートル（幅六〇センチメートル）。台の高さは七〇センチメートルに統一しておき、長さは一間（一・八メートル）に分割しておけば使いやすい。


「麹蓋」

麹蓋洗い

円盤式自動製麹機

麹蓋は一升盛り（白米で一・五キログラム盛り）が一般に多く使われるが、一升五合盛りの大判のものもある。

一升盛りの麹蓋は、内寸で縦四三〇ミリ、横三〇〇ミリ、深さ五一ミリの柾目《まさめ》の杉板で、節はなく、底は三ミリ厚の柾剝《は》ぎ板を二、三枚、並べ合わせて造られる。

白米一〇〇キログラムの引込量に対して七〇枚くらい使用するが、共蓋（空の蓋）を含めるとその倍、さらに、洗って乾かす分まで含めると三〇〇枚近く必要となる。

「機械製麹《せいきく》」

製麹装置には天幕式、ヴィサ式のように比較的原始的なものから、薄盛多段式、さらには大工場で使われている全自動回転式のようなものまでさまざまな種類がある。

機械製麹を否定するものではないが、ややもすれば機械に振り回されてしまいがちなので、麹造りの基本である蓋麹法を習得し、いかなる造り方をするにしても、常に麹蓋での状況を念頭に置いて機械を操作することが大切である。

大型全自動の機械の場合、すべての麹を同時に出麹《でこうじ》する関係で、たとえば酒母麹や初添麹だけにさらに手を加えようと思っても無理なので、よりよい麹造りを考えるならば、量の少ない酒母麹だけは、その他の麹とは別に、専用の麹箱《こうじばこ》を用いるなどの工夫が欲しい。

「出麹室」

出麹は、以前は屋根裏部屋などに麻布を広げ、その上に晒していたが、これでは汚染が避けられない。

そこで最近では、ベニヤ板などで完全に独立した空間を設けて、そこを出麹室とする酒造場が増えている。

人間の背丈が届く範囲で何段かの簀の子の棚を造り、その上に麻布を敷いて出麹する。一〇キロ盛りの麹箱の場合、箱のなかに敷いた麻布ごと出麹室に運べばよい。

室温が一〇度以下になると、麹が湿気を帯びて酵素力価が低下する。また、室温が一五度以上になると、麹菌の繁殖がさらに進むので、適温を保つため、換気扇のほかに、温床線を張るか、小型の電気ストーブを用意する。

また、製麹中に乾湿差を大きく取って麹を締めるのが基本だが、出麹室にも専用の除湿

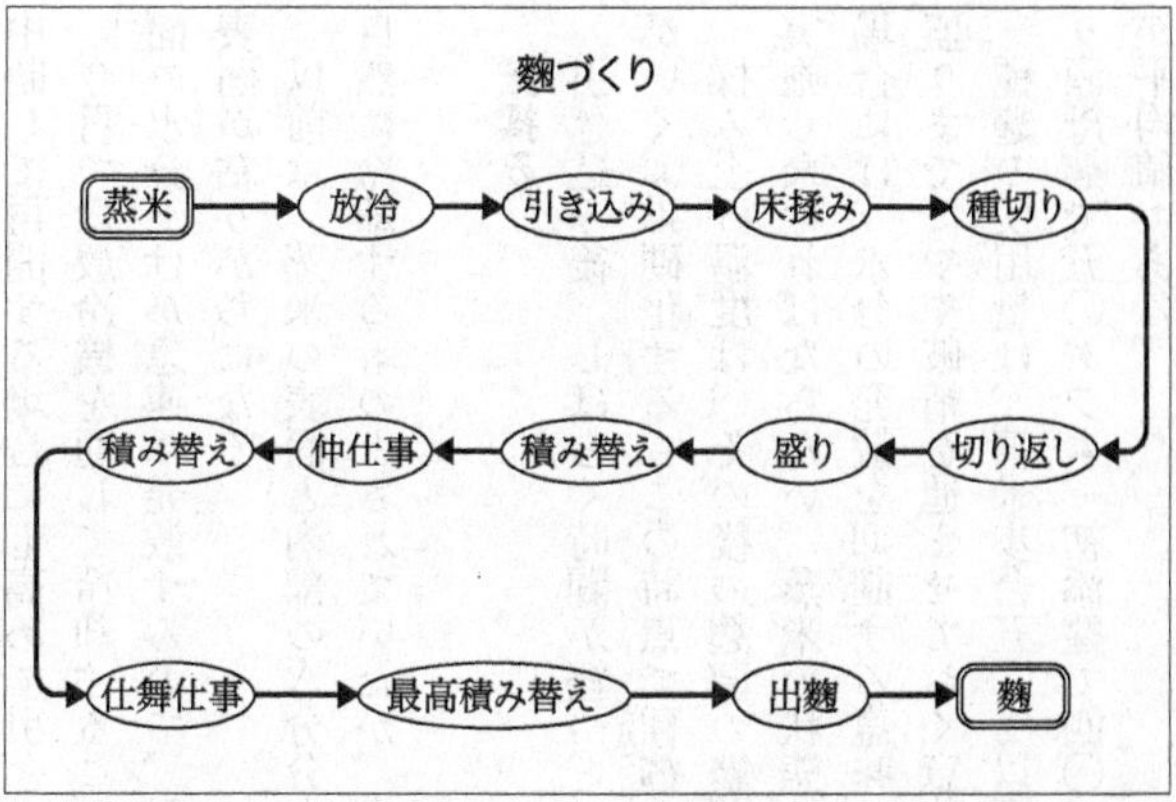

器を用意しておくと、多少麹が軟らかい場合にも、出麹を枯らしている間に二、三%は麹を乾かすことができて重宝する。

製麹法（蓋麹法を中心として）

引き込み

甑《こしき》から取り出した蒸米を麹室の前で布の上に広げ、手を入れて塊を壊しつつ、過剰な水分を発散させて蒸米表面の硬化を図る。

品温三五、六度まで冷却した後、麹室の床（台）の上に布を敷いて引き込む。

蒸米が軟らかいときは揉み上げ温度を低く（三〇から三一度）するため、引き込み温度も三二から三四度とやや低くし、蒸米が硬めのときは反対に三七、八度とする。

また、初めての引き込みや、いったん仕込みを中断して再開する場合にも高めで引き込み、手触りを確かめながら品温を調整する。

今日では放冷機を通して冷却することが多い。これは温度的には適当であるが、米の表面の水分だけが急速に発散するので、引き込み後にとかく水分が戻る現象が起き、蒸米の表面が粘りがちになる。

以前は、蒸米の表面と内部の水分分布の状態を重視して、冷風が強く当たらない場所で自然に冷却するものとされていたが、自然冷却のよさを再認識すべきであろう。

床揉み

引き込み後、しばらく時間が経つと、蒸米全体の水分と品温が平均化して、蒸米の表面がいくぶん硬化する。この時点で種麹《たねこうじ》を散布し、これを床揉《とこも》みという。

揉み上げ温度は、その後の麹菌の繁殖に重要な影響を及ぼすので、検温しながら的確に実施しなければならない。蒸米の状態にもよるが、標準は三一・五度で、蒸米が軟らかい場合には、水分の発散を抑制する意味で三〇から三一度とやや低め、蒸米が硬い場合には、盛りまでにやや破精を進ませておく意味で、三二から三三度とやや高めとする。

種麹の使用量は、精米歩合五〇％以下の純米吟醸酒の場合、白米一〇〇キログラム当たり酒母麹で五〇グラム、初添麹で四〇グラム、仲添麹で三〇グラム、留添麹で二〇グラムが平均値である。

床揉み

ただし、種麴の散布に際しては、粉が出なくなるまで振り切る人もいれば、申しわけ程度にしか振らない人もいるので、正確な使用量は、振り終わった後、散布用の罐《かん》などに残った種麴の重さを調べてみなければわからない。

種麴の散布は、麴菌の胞子を均等に散布するのが目的だから、蒸米の塊を丁寧にほぐして（空揉み）床の上に一〇センチ程度の厚さで広げ、その都度蒸米を攪拌《かくはん》しつつ、種麴を三回くらいに分けて振りかけて、胞子付着の均一化を図る。

種麴の散布が終わったら、所定の品温に達するまで揉み上げて、手早く一ヵ所に積み重ね、布で覆って保温する。

麴室の室温は二六、七度が標準で、麴菌の繁殖により温度が保たれる。

蒸米が軟らかい場合には乾湿差を三度から五

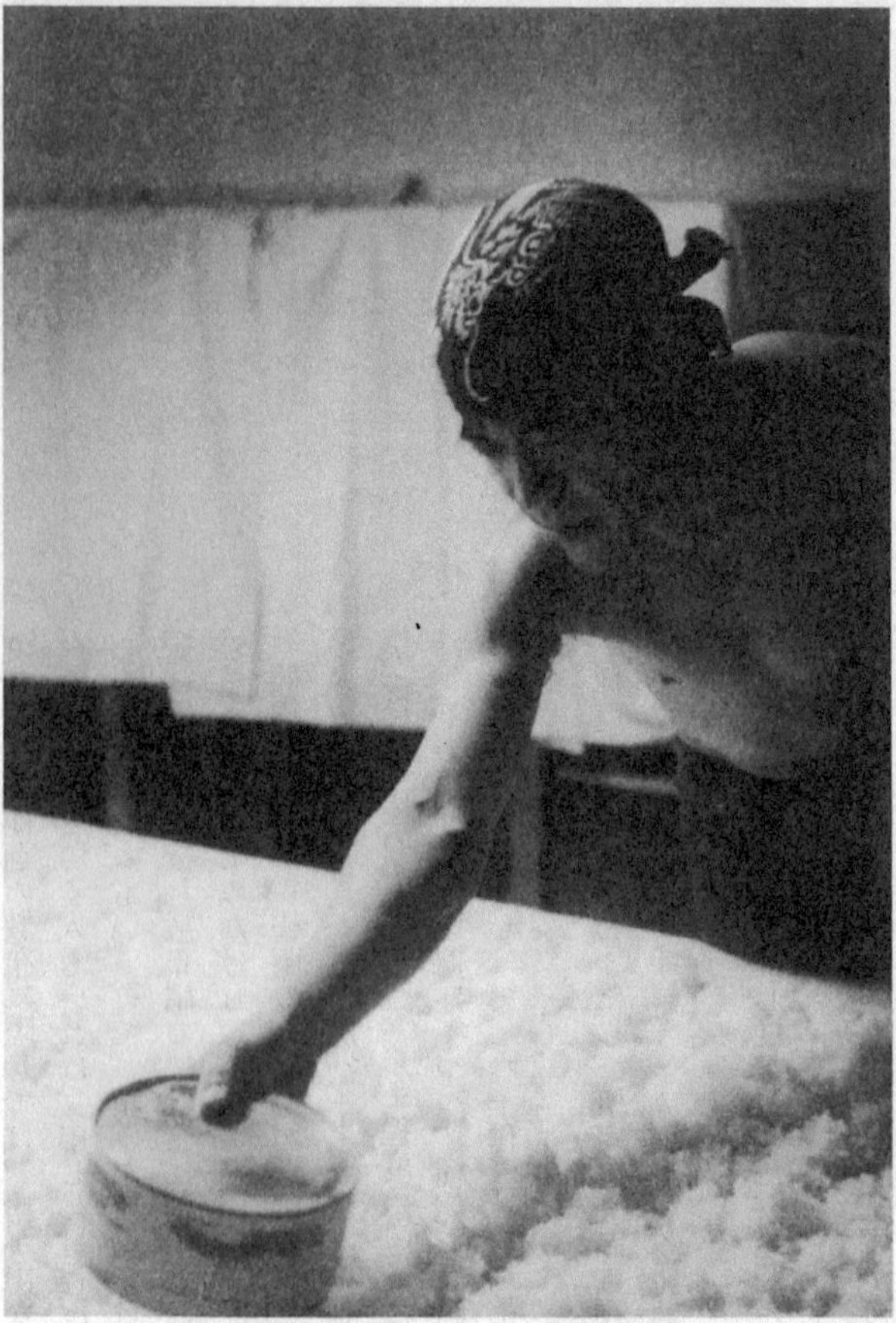

種切り

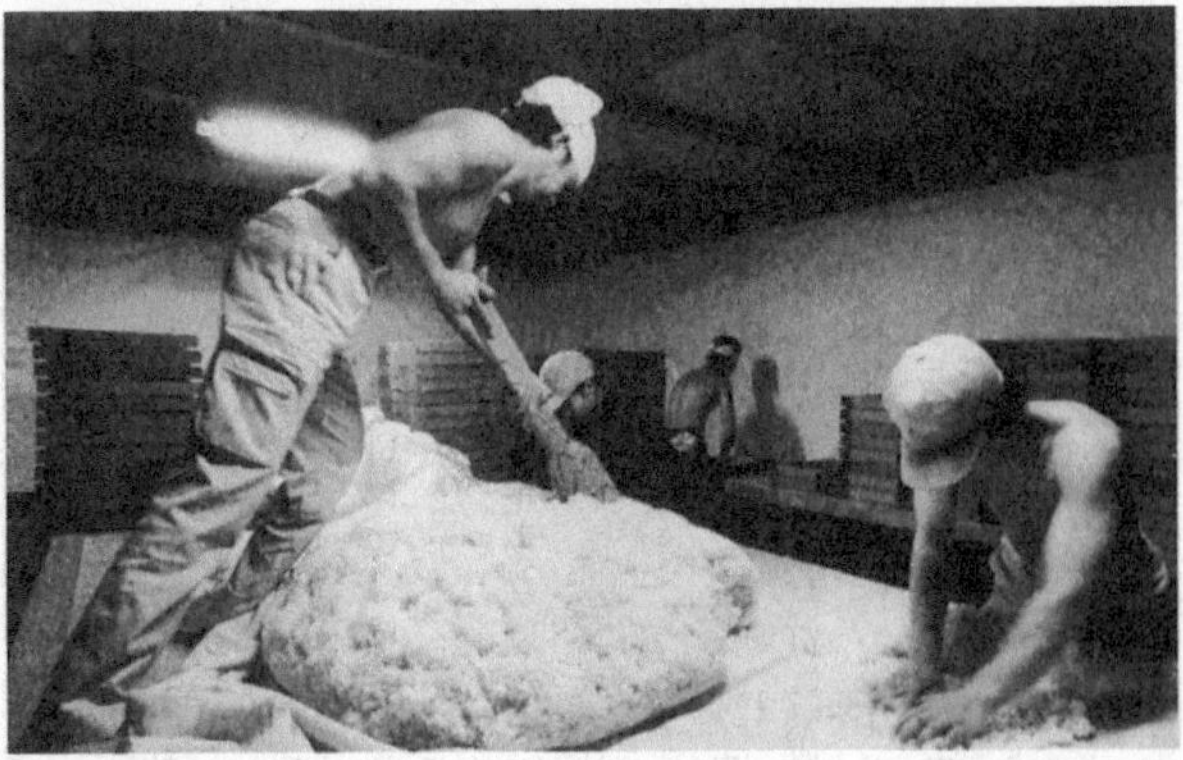

切り返し

度つけて乾燥を図ることがあり、反対に、蒸米が硬めの場合には乾湿差を二度か一度と縮めて蒸米の硬化を防ぐなど、床揉み以後の室温と湿度の管理が重要である。

床揉みを終えて堆積《たいせき》した蒸米は、蒸し上がり時の旨い香りが続き、サバケがよくて弾力のあるものがよい。蒸し上がり時に蒸米の香りを嗅げなかったときには、このときの蒸米の香りを調べることによって、蒸米の良否を判定することができる。

切り返し

種麴の胞子が発芽し始めると、蒸米中に変化が起こり始め、また堆積した蒸米の内と外とで乾燥と老化に差違を生ずるので、この均一化を図るために山を崩し、手を入れて混ぜ合わせる。これを切り返しと言い、揉み上げ後一〇時間から一二時間経った時点で、床の上で蒸米を丁寧に手で砕き、かつ、なるべく品温が下がらぬよう、たとえば切り返しが終わった部分には布をかけるなど配慮して作業する。切り返しによる品温の降下は、最大でも二度以内に留《とど》めたい。

この時点では、まだ品温は動いていない。良好な蒸米の場合は、まだ光沢があり、引き込み時の爽快《そうかい》な香りがわずかに残っている。なお、潤みが出てから切り返しを行なうと床中で状貌が進みやすいので、切り返しの時期は作業する人間の都合のみならず、状貌と品温を的確に把握して行なう。

近年、夜勤の人数が足らないなどの理由で、切り返しを廃止する例があるが、よほど蒸米が軟らかい場合を除いて、蒸米の状態を均一に保持したり、麹菌の発育状態を均一にする観点から好ましくない。

切り返しを廃止したり、あるいは切り返しが粗雑だと米粒の塊(いわゆる金平糖)ができて、麹菌の付着した蒸米だけに繁殖が進み、付着していない蒸米は破精落ちとなってしまうので注意を要する。台に一二ミリ目の金網を取りつけて、その上で蒸米を揉み、バラバラの状態にして網の下に落とす方法もある。

作業が終わったら、再びもとのような堆積に戻して布で保温するが、蒸米が軟らかい場合は山は低く、かつ上部を平らにするほうがよい。

昔は米が黒かったので、この切り返しには多大なる労力を要した。

盛り

たいがいの酒造場で、ひと風呂《ふろ》浴びて夕食が済んだ後、蔵人一同が麹室に集まり、引き込みの床を囲んで、上半身裸で作業した。いくら切り返しても、なかなか金平糖がなくならず、私も蔵人たちと一緒に掌を真っ赤に腫らしながら、いつの日か白い米で吟醸造りをする夢を語り合ったものである。

盛り

切り返し後、麹菌の繁殖が次第に進行し、数時間後には潤みを越して破精（菌糸の斑点《はんてん》）が見えるようになる。

このまま長く床に置くと品温が急昇し、香気が悪くなるので麹蓋《こうじぶた》や麹箱《こうじばこ》に盛り分け、破精回りや品温を調節する。盛り時の香気は、爽快な旨い香りのものがよい。

切り返しから約一〇時間、揉み上げから約二

○時間経過した時点で、品温は揉み上げ温度と同じ、または○・五度くらい上昇し、破精回り一分くらいが標準である。揉み上げ温度が低い場合には盛りの時期は遅れがちになるが、これは止むを得ず、麹の進み具合によって盛ることが大切である。

作業は、「ぶんじ」と呼ばれる木の篦《へら》で山を崩し、米粒の一粒一粒をバラバラにして、盛桝《ます》で測りながら一枚一枚の蓋に盛る。蓋の中央に山状に盛るのが一般的だが、破精落ち防止器を使う場合もある。

また、片盛りと言って、米粒が散って落ちるのを防ぐため、片方に寄せて盛ることもある。麹箱の場合も同様であるが、いずれにしても、縁のほうに流れたものは硬化して破精落ちとなるので注意が必要である。

麹蓋は、普通は一升盛りで、蒸米が軟らかいときや高精白米の場合はやや少なめに、蒸米が硬いときや破精を意識的に進めたい場合には多めに盛る。品温が下がらないように手際よく作業し、室温もやや高めとする。

棚の上に空蓋を二、三枚重ね、その上に盛った麹蓋を五、六枚棒積みにする。さらに、最上部に空蓋を一枚置き、布をかけて保温するのが一般的なやり方である。

この際、積み重ねる枚数が多いと、上の蓋と下の蓋とで温度差が生ずる原因となるが、麹室の広さに余裕があるならば、枚数を三、四枚と少なめにすれば、すべての蓋が温床線の近くに位置することになるので、比較的温度差が生じにくくなる。

盛りの時期が早すぎると、破精の進行よりも先立って蒸米が硬化し、破精の浅い硬縮麹になりやすい。反対に遅いと、総破精麹になりやすい。温度の進み具合と破精の状貌によってタイミングを判断することが重要で、これが、どのような破精の麹になるかの分かれめである。

この時点で良好な蒸米の場合は、全面に潤みが生ずることはなく、弾力があり、破精ていない部分はいくらか光沢を持っている。

積替

盛り後四、五時間経って、品温が盛り前の温度に戻った時点で、全体の品質や破精の進み具合を平均化するために積替をする。

保温用の布を剝がし、二人一組で、積み重ねた麴蓋の上半分と下半分を入れ替える。このとき、蓋の前後の向きも替え、棚の端のものは中央へ、中央のものは端に置くなど、各部の品温が均等になるようにする。

仲仕事

盛り後、六時間から八時間経過すると、麹菌の発育と繁殖が進み、破精回りは二、三分程度となる。

仲仕事

このままで放置しておくと、山の内側と外側とで品温や水分がかなり相違してくるので、手を入れてかきまぜてこれらを平均化し、水分や炭酸ガスを発散させることを「仕事をする」と言い、この一回目の仕事を仲仕事と言う。

空の共蓋を棚の上に一枚置き、その上に麹蓋を一枚置き、蓋のなかの米粒をよく攪拌した後、再び蓋の中央にサビ集め、山の中央に指を入れて凹形にする。したがって、このときの形状は、盛りのときよりもやや山が低く、蓋の四隅に向かって米粒の層が広がった形となる（四隅には、やや隙間がある）。

蓋を積む順番は、積替時の上から一二三四五六が、「五六四三一二」のようになればよい。

昔は、すべての麹を蓋で揉んでいたので、手入れやサビる動作は経験を積むうちに、自然と身体で覚えたものだった。だが今日では、吟醸麹のみ蓋で造る酒造場が多いので、初心者が麹蓋の操作を覚える機会がなく、また、それを教えるだけの技術を持った杜氏も数少ないのが実状である。

かと言って初心者に、いきなり吟醸麹で練習させるわけにはいかないが、本気で技術を覚えるつもりなら、普通酒の出麹を蓋に盛って練習するとよい。どうしても初心者は蓋を大きく振ってしまうので麹が散り、なかなか思うように山が中央に寄らないが、手に持った蓋の手前の縁を、下に敷いた共蓋の縁に軽く当てて小さくサビるのがコツである。

仲仕事時の品温は三四度から三五度。微《かす》かに甘臭を帯びた新緑香（青臭い香）を感じ、仕事後には品温が一、二度低下するのが普通である。

この時期には米粒が締まり、麹蓋に当たる米粒の音がサラサラと乾いた音を立てるような状態がよく、なるべく品温を下げないように手早く仕事する。

熱臭い香りや木香様臭のあるものは、蒸米の水分が多いことを示し、総破精型で甘臭のある分解のすぎた麹となる。また焦香に似たムレ香を出すものは、吸水が不均等で芯までしっかり吸水していない蒸米で、破精込みが浅くて芯の残った麹となり、どちらも好ましくない。

仲仕事から仕舞仕事にいたる温度帯、つまり、おおよそ三四度から三八度までの温度帯では、アミノ酸生成の素となる酸性プロテアーゼ（蛋白分解酵素）をもっとも多く生成する。

かつての主流だった7号酵母の場合は、主として糖分だけを栄養源として選択して分解し、蛋白質はあまり分解しないので、麴の蛋白分解酵素力が重要視されなかった。

それに対して、今日の吟醸造りの主流である9号酵母は、糖分と蛋白質の両方を栄養源とする〝雑食性〟の酵母なので、仲仕事から仕舞仕事にいたる温度帯を早く品温を上げて短時間で駆け抜けて、いかにして糖化酵素力価が強く、蛋白分解酵素力が弱い麴を造るかが重要視されている。

7号酵母の全盛期には、仲仕事のときに、実蓋（米粒の入った蓋）一枚に対して共蓋を一枚ずつ下向きに覆《かぶ》せて、品温が急昇するのを抑え、仕舞仕事までに約六時間から八時間かけて、最高温度も四〇度内外として出麴したものだった。現在では実蓋だけを棒積みにして、なるべく短時間で品温の急昇を図り、三時間から四時間、長くても五時間以内で仕舞仕事をして、そして酘に行ってからの麴の後溶けを防ぐため、最高温度も四五度近くまで高く取るのが一般的となりつつある。そのためには、7号酵母の場合よりも、やや重めの蒸米に仕上げておくことが前提である。

積替

仲仕事からしばらく経ち、品温が二、三度上昇した段階で、再び積替を行なう。

仕舞仕事

仕舞仕事

仲仕事から数時間経つと、麹菌の発育がさらにさかんになって品温は上昇し、炭酸ガスと水分の発散も多くなるので、手入れして、これを調節する。

品温は三八から三九度、破精回り六、七分で、蒸米内部から水分が表面に出てくるので、蒸米はユルミ気味となる。そのため、麹室を乾燥させて水分を取り除かなければ、麹の表面が多湿となって香味が劣化する。

麹蓋のなかの米粒を手で内外上下、よく攪拌した後、仲仕事の場合とは異なり、蓋全体に平均に広げ、その上を両手の指で、手前に向かって三条の溝をつける。

仕舞仕事以後は水分がもっとも多く発散するので、換気と湿度に注意して麹の乾燥を図る。

掛布は一枚か、または廃止して、室温を上げ、乾湿差を取るよう配慮する。この場合も仲仕事と同様、共蓋は用いないで棒積みとする。

この段階で、次第に麹特有の香りが現われ始める。

もし蒸米が軟らかい場合は、熱臭い不快な臭気が発生し、麹室に入っただけで蒸米の不良が感知されるので、原料処理を根本から見直す必要がある。なお、この臭気が麹室疲れの香りと誤認されがちであるが、蒸米が改善されると、この香りは消失する。

味は、甘味や渋味（収れん味）を感じるものは好ましくなく、嚙《か》むと上品な旨味をわずかに感じる程度のものがよい。

積替

仕舞仕事後二、三時間経つと品温が上昇してくるので、三度目の積替を行なう。

昔は、この積替時の品温が最高温度だったので、これを「最高積替」と称したが、今日では出麴時を最高温度とするようになったので所定の最高温度よりも二、三度低い時点で積替を行ない、出麴時に最高温度に達するように操作する。

最高温度（出麴温度）は酒母麴で四三度、掛麴で四二・五度くらいが今日の標準であり、精米歩合六〇％クラスの「純米酒」ならば、これで十分であるが、精米歩合五〇％以下の純米吟醸酒の場合には、私個人の見解としては、酒母麴も掛麴も四四度、できれば四五度ギリギリまで品温を上げて麹を締めたい。

かつては麹造りに関して、糖化酵素は四五度を超えると急速に活性を失って危険なので、最高温度は四五度以内、安全を見越して四四度くらいまでとする考え方が支配的だった（いまでも、大多数の専門家が、そう考えている）。だが糖化酵素は四五度を突破すると、ある程度、力価が小さくなるのは事実だが、完全に失活してしまうわけではない。

出麹

仕舞仕事後、八時間から一〇時間経つと、菌糸が絡んで固まり、破精込みも相当深く進み、噛むと淡白な旨味を感じるようになる。

このとき、焼き栗のような芳香（栗香）があることが望ましい。ただし、栗香とは、芝栗を囲炉裏や火鉢の灰のなかで焼いたときの香りであって、街で売っている天津甘栗の香りではない。

この栗香は、必ず出るものとは限らず、原料処理と製麹の技術が優れている場合に限られる。その後、香りの変化、味、状貌を観察して出麹の時期を決めるが、仲添や留添の比較的若い麹はシメジ香に、酒母麹や初添麹はやや松茸《たけ》がかった香りまで進ませる。椎茸様の香りがして米粒の表面全体が菌糸で覆われたようなものは進みすぎである。

この時点で仕舞仕事後、掛麹で八時間、酒母麹で一〇時間程度経過しており、床揉みか

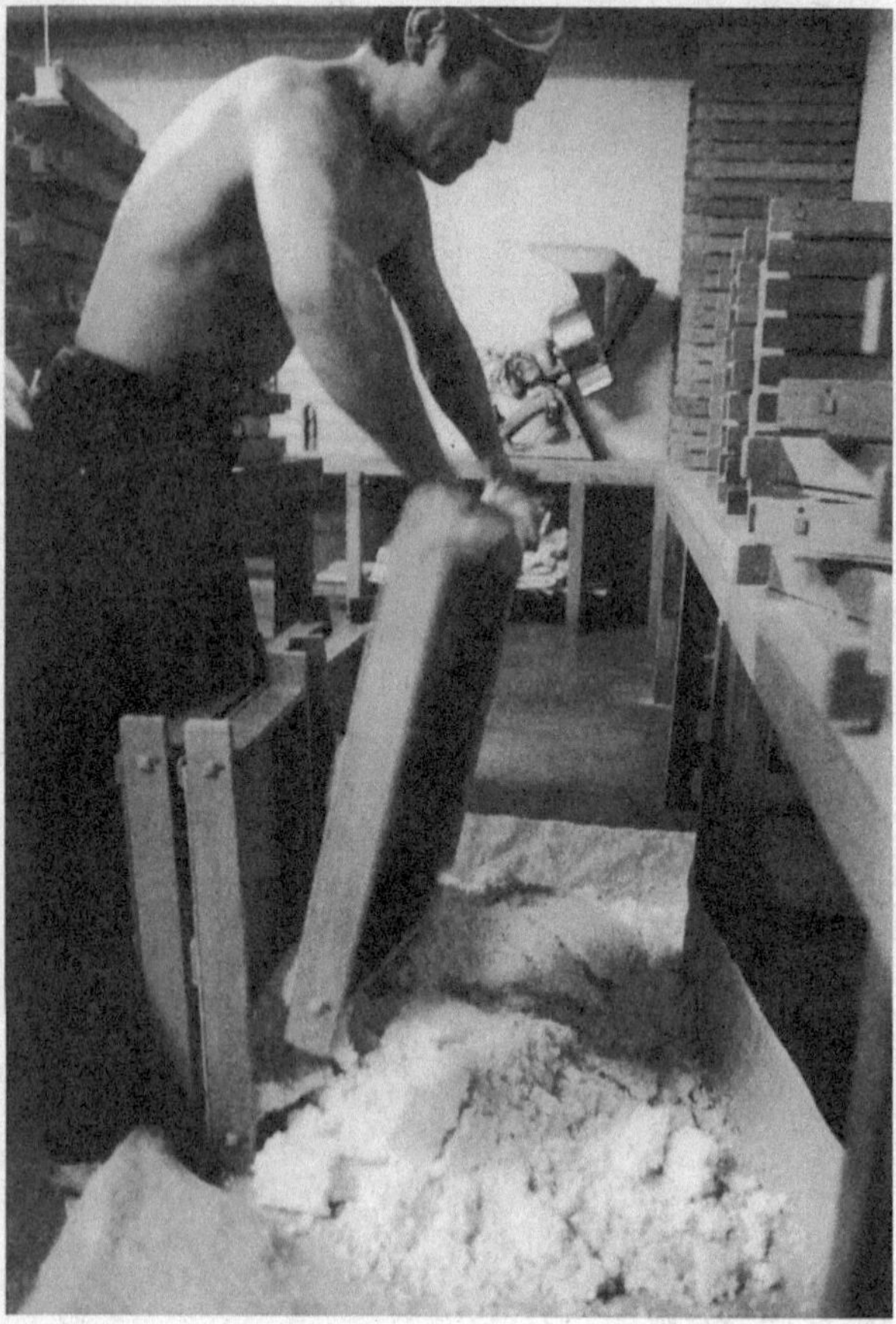

出 麹

枯らし（麹の冷却）

ら通算の在室時間（製麹時間）は、掛麹で四五時間以上、酒母麹で四八時間以上である。

ただし、春先の上っ面の味のよさを重視する風潮からか、はたまた糖化力のみを重視する考え方からか、掛麹の在室時間が以前よりも延びて、やや進み気味の麹とする傾向が吟醸麹にあるが、強くて爽《さわ》やかな酒を造ることを念頭に置き、老《ひ》ね麹にならぬよう注意して、麹をふくらして軽い麹にして味を切る方向で考えるべきである。

出麹は、麹蓋五、六枚分を一枚の麻布の上に落として、蓋の内部にいくらかくっついている分をササラで摺《す》り落とす。

麹蓋内で四〇度以上あったので、布に落としてもしばらくは品温が冷めず、これを急に出麹室に運ぶと、品温が下がるにつれて、麹の内部から発散してくる水蒸気が麹の表面で凝縮し、麹が湿気を帯び（〝露を持つ〟と言う）てしまうので、品温が室温程度に下がるまで室内または前室で放置して、それから出麹室へ運ぶ。塊は手でほぐし、麻布の上に薄く広げる。換気扇や除湿器を活用して、湿気を逃すよう配慮する。寒すぎる場合には温床線や電気ストーブを使って、品温を一〇度から一五度の範囲内に保つ。

酒母麹、掛麹ともに、出麹してから一日枯らしたものを使用するのがよく、いわゆる出使い（出麹と同時に酒母や醪に使用すること）は感心できない。一日枯らすことによって、製麹時間を十分に取ることができ、仕込みに追われることなく、かつ麹の乾燥を図ることにより、麹中の生酸菌数が減少する効果がある。

■波返し

昭和二九年から、鳥取県の倉吉《くらよし》酒造組合が音頭を取って、先進地の高名な杜氏を鳥取県に招き、県内の杜氏たちを対象に講演してもらう研究会が催された。

この会は毎年、三朝《みささ》温泉の旅館を会場にして、五月七日に行なわれたので、その日にちなんで「五七会」と呼ばれた。

ある年、お名前は失念したが、伊丹《いたみ》「白雪」の総杜氏をしていた老練な丹波杜氏を講師に招いたときのことである。

出席者のなかから、

「吟醸の留添を仕込む際、気温が高いと熱掛けになってしまうが、何か妙案はないだろうか」という質問が出た。

この問題には、私も杜氏たちと同様、従来頭を悩ませていた。

留添を仕込む日の気温が高いと、いくら路地放冷で蒸米を晒し続けても、蒸米の品温は気温までしか下がらないから、たとえば六度で留添を打とうと思っても、気温が一〇度ならば、蒸米の品温は一二度くらいまでしか下がらず、このままでは蒸米が締まらないままの状態で仕込むことになり、これでは熱掛けといって、ボーッとした締まりのない、冴えのない酒になってしまう。

その質問に、老練な杜氏が答えて曰《いわ》く、

「麻布の上に蒸米を広げ、手を入れて塊を砕いて荒息を抜く。ここまでは皆さんと同じだと思います。しばらく手入れしながら晒した後、蒸米を団子にして、そのなかに温度計を突っ込んで検温し、どうしても気温が高くて蒸米の品温が下がらない場合は、私は次のような方法を採ります」

参加者一同が、思わず聞き耳を立てた。

「麻布を手繰って蒸米を片方に寄せ、上から押さえつけて大きな一つの塊にします。

このとき、空気が入らないように、ギュウギュウに押さえつけることが肝腎です。このまま三〇分間ほど放置し、もう一度、手を入れて麻布全体に広げます。また、そのまま三〇分ほど放置し、また寄せて山にする。これを何度か繰り返すと、次第に湿り気が抜けて手触りがよくなって、たとえば気温が一三度くらいの日でも、一〇度くらいまで品温が下がります。私は学者ではないから理論的なことはわかりませんが、いったん寄せた山を崩して広げる際に、蒸発潜熱が蒸米の水分を奪って飛ばすのではないかと思います」

老杜氏の応答が終わると、会場からは感嘆と、意味がよくわからないといったふうな声が入り混じった溜め息が漏れた。

杜氏の語った情景を、私は頭のなかで思い描いてみたが、麻布が二、三枚ならいざ知らず、一仕込み六〇〇キログラムの吟醸を半仕舞で仕込むと仮定して、留添の蒸米量は約二五〇キログラムである。

この全量を路地放冷する場合、麻布は約三〇枚必要であり、その間を次から次に、中腰で飛び回るとなると、これは考える以上に骨の折れる作業である。

私も半信半疑ではあったが、後日、某酒造場で、たまたま暖かい日に吟醸の留添がぶつかったので、この杜氏に教わった方法で仕込んでみたところ、蒸米がよく締まり、味の冴えた涼しい酒ができた。

やってみるとたしかに大変な作業ではあったが、先人の知恵とでもいうべき技術に、酒造りが経験工学と称せられる由縁を私は改めて感じたものである。

蒸米を何度も山にしては崩す様子が、寄せては返す冬の日本海の荒波のように思えたので、それを私は自分流に「波返し」と命名したが、私が県を定年退職し、時代が昭和から平成に移り、後に尾瀬あきら氏が漫画「夏子の酒」のなかで、それを紹介してくれたのが記憶に新しい。

麹の判定

麹の色相は原料米の精米歩合、蒸米の造り方、製麹操作の適否などにより異なるが、破精た部分は純白でなければならない。

色の冴えないもの、黄色がかったものは老ねすぎか、湿気過多などが原因である。また、黒色を帯びたものは種麹の選択に注意を要する。

酒母麹は掛麹よりもいくぶん進ませ、糖化力の強い形とする。

麹特有の爽快な芳香を有していることが必要で、酸臭、黴《かび》臭、湿気臭、甘臭、その他不快な臭気を持つものは不良である。

麹を口のなかに入れて、すぐに甘味を感じるのは総破精型の軟らかい麹で芳しくなく、

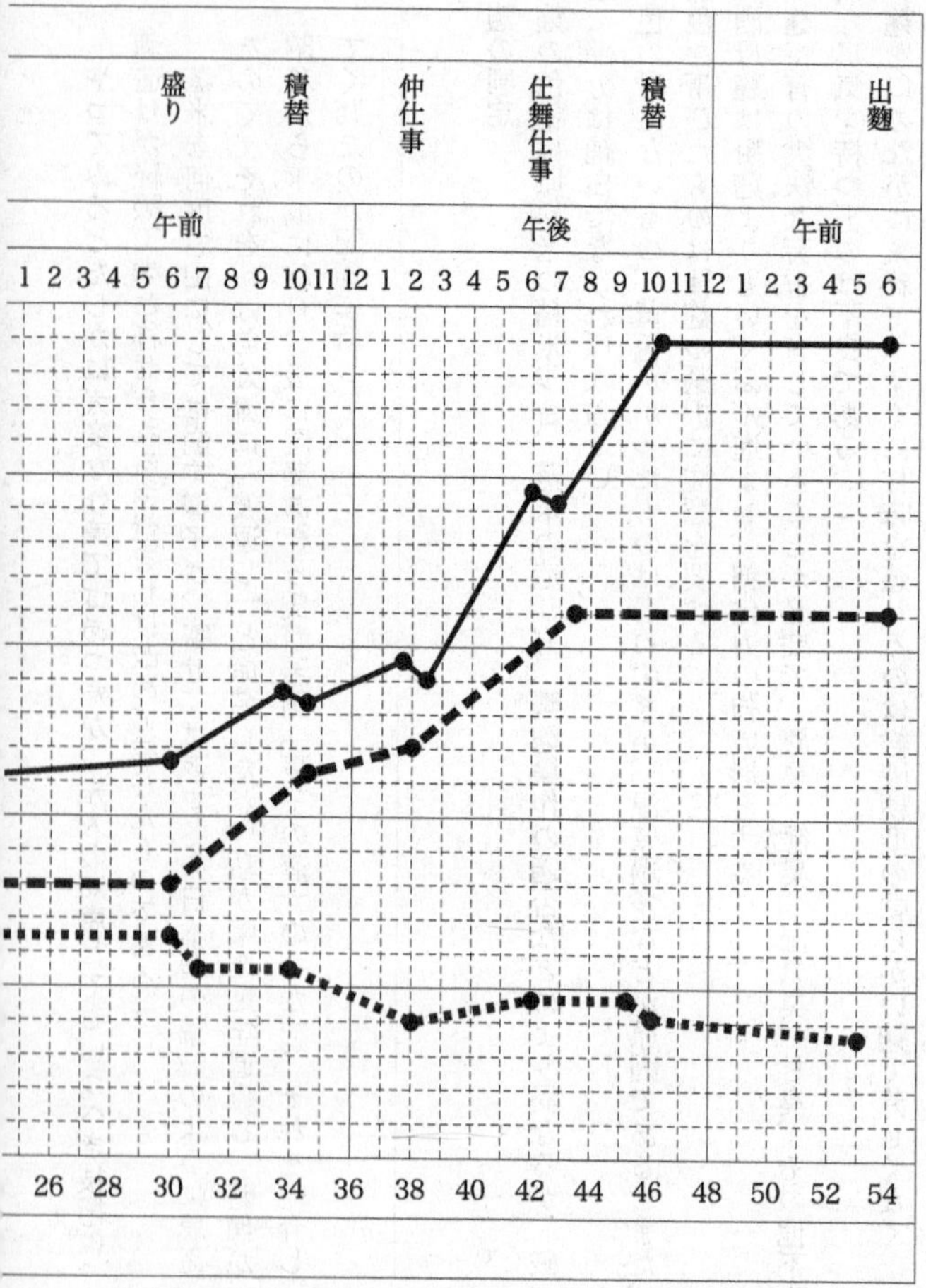
盛り
積替
仲仕事
仕舞仕事
積替
出麹
午前
午後
午前
1 2 3 4 5 6 7 8 9 10 11 12 1 2 3 4 5 6 7 8 9 10 11 12 1 2 3 4 5 6
26 28 30 32 34 36 38 40 42 44 46 48 50 52 54

製麹の経過例

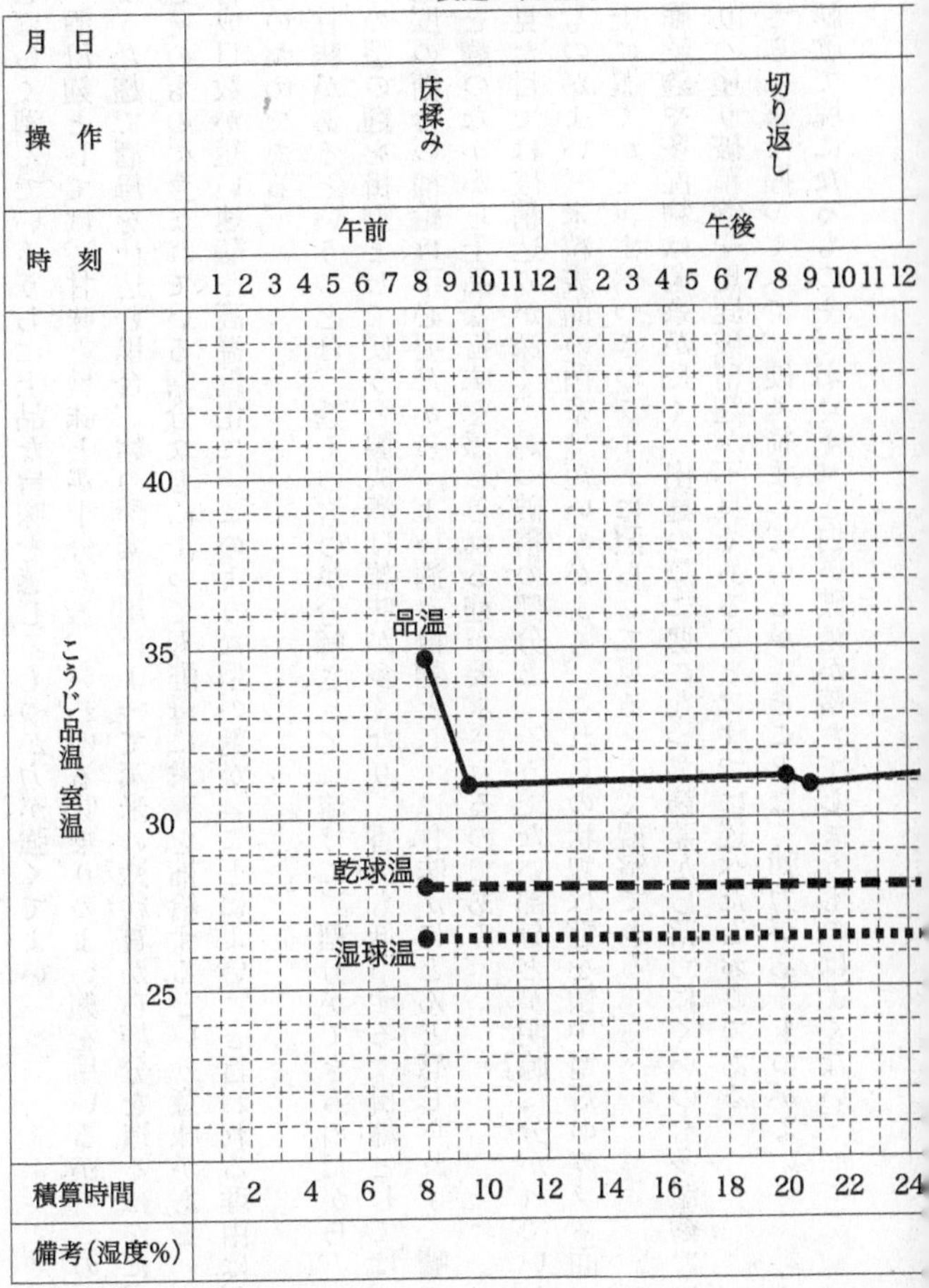
月日
操作
床揉み
切り返し
時刻
午前
午後
1 2 3 4 5 6 7 8 9 10 11 12 1 2 3 4 5 6 7 8 9 10 11 12
こうじ品温、室温
40
35
30
25
品温
乾球温
湿球温
積算時間
2 4 6 8 10 12 14 16 18 20 22 24
備考(湿度%)

しばらく嚙んでいるうちに上品な旨味を感じるものが力が強くてよい。

酒母麴としては、甘味と旨味とが十分ある、いわゆる味乗りのよい麴を用いるが、このような麴で酒母を仕込む場合、麴の酵素作用によって蒸米の澱粉質《でんぷん》から糖分を造るほかに、麴そのものに含まれている糖分などによっても酵母に栄養を補給するという意味がある。育成日数が短い速醸や高温糖化に、このような型の麴が「ことによい」と言われる理由は、このためである。

甘味があるということは、麴そのものが分解されて（溶けて）糖分ができるのだから、この型の麴を掛麴として使うと製成酒は雑味が多くなり、香気も低下する。掛麴としては、過度の糖分の補給は不必要だから、よい酒の掛麴としては甘味がほとんど感じられず、嚙むと麴のなかから上品な旨味を感じられる麴が要求されるのである。

見た目では破精込みが深く、かつ破精の部分と、そうでない部分とが明瞭《めいりょう》に分かれているものがよい。米粒表面の菌糸は短いのがよく、これらの状貌は麴を懐中電灯のガラス面の上に置くか、ルーペつきのライトに照らして見るとよく観察できる。

膨軟麴や多湿麴は菌糸が長く、出麴の際に塊になって麴蓋から落ちにくいのも多湿麴であり、塗り破精麴や馬鹿破精麴が不良であることはすでに述べたとおりである。

さらに掌で握ってみて、硬く締まっているが、どことなく弾力があるものがよい。膨軟で塊になるものや、ボロボロと白い破精が落ちてしまうものはよくない。

醪の高泡中に、麹が浮いて泡のなかに混じっていることがあるが、これは膨軟麹を乾燥させたものを使った場合に起きる現象である。

出麹の吸水率は、白米重量に対する割合で表わし、酒母麹は二〇％以内、掛麹は一七％以内に留めたい。

なお、一五％以下は硬めで、二〇％以上のものは膨軟麹である。

麹の積算温度は花岡正庸《まさつね》先生が提唱したもので、種麹を散布した後の、各操作前の温度に次の操作前の温度を加えた数に、各操作間の時間数をかけ、これを集計した数値を言う。純米吟醸酒の場合、酒母麹は一八〇〇以上、掛麹の場合は一七〇〇ぐらいとする。

酒母（酛）

酒母とは本来、麹、蒸米、水の混合物のなかで酵母を純粋で強健に培養したもので、醪のアルコール発酵を司《つかさど》る原動力となるものである。

清酒の醸造は開放発酵であるため、外部から細菌などの微生物が多数混入するので、これら有害な細菌の増殖を防止することが必要で、このため、酒母育成中に多量の酸が存在することが不可欠である。乳酸は麹の糖化力を阻害することが少なく、抗菌力でもほかの酸類よりも優れているので、酒母の育成には乳酸の酸性が用いられる。

乳酸によって酒母自身の雑菌による汚染が防止されるのみならず、さらに醪の初期、つまり酵母の増殖活動が十分でなく、アルコール分も少なくてその他の菌などによる汚染の危険性が大きい時期に、これを防止する効果は大きく、安全醸造にとって乳酸の存在は重要な意味を持つ。

なお、酒母の香味も酒質に影響を与えるので、嫌みのない優秀な香味が望まれ、さらに口のなかに粘つくような糊味《のりあじ》がなくてサバケがよければ酒母の香気が引き立ち、醪にも好結果をもたらす。

酒母の種類

酒母は育成の形式により「生酛系《きもと》」と「速醸系」に大別され、生酛系には「生酛」と「山卸廃止酛《やまおろしはいしもと》」、速醸系には「速醸酛」と「高温糖化酛」などがある。

生酛系は、酒母の製造中に天然の乳酸菌によって生酸を行なわせるもので、速醸系は、酛立て当初に乳酸をあらかじめ添加して培地を造る。

その他の酒母の種類には、大昔の水酛（菩提《ぼだい》酛）、醪の一部に乳酸を添加して酒母として使用する連醸酛、はたまた、酵母数さえ多ければ酒母そのものが不要であるとの考え方から生まれた酵母仕込み（酛なし仕込み）などがあるが、連醸酛と酵母仕込みはいずれも単なる省力化や経費節減のためにのみ考案されたものであり、優良なる「純米酒」を造る

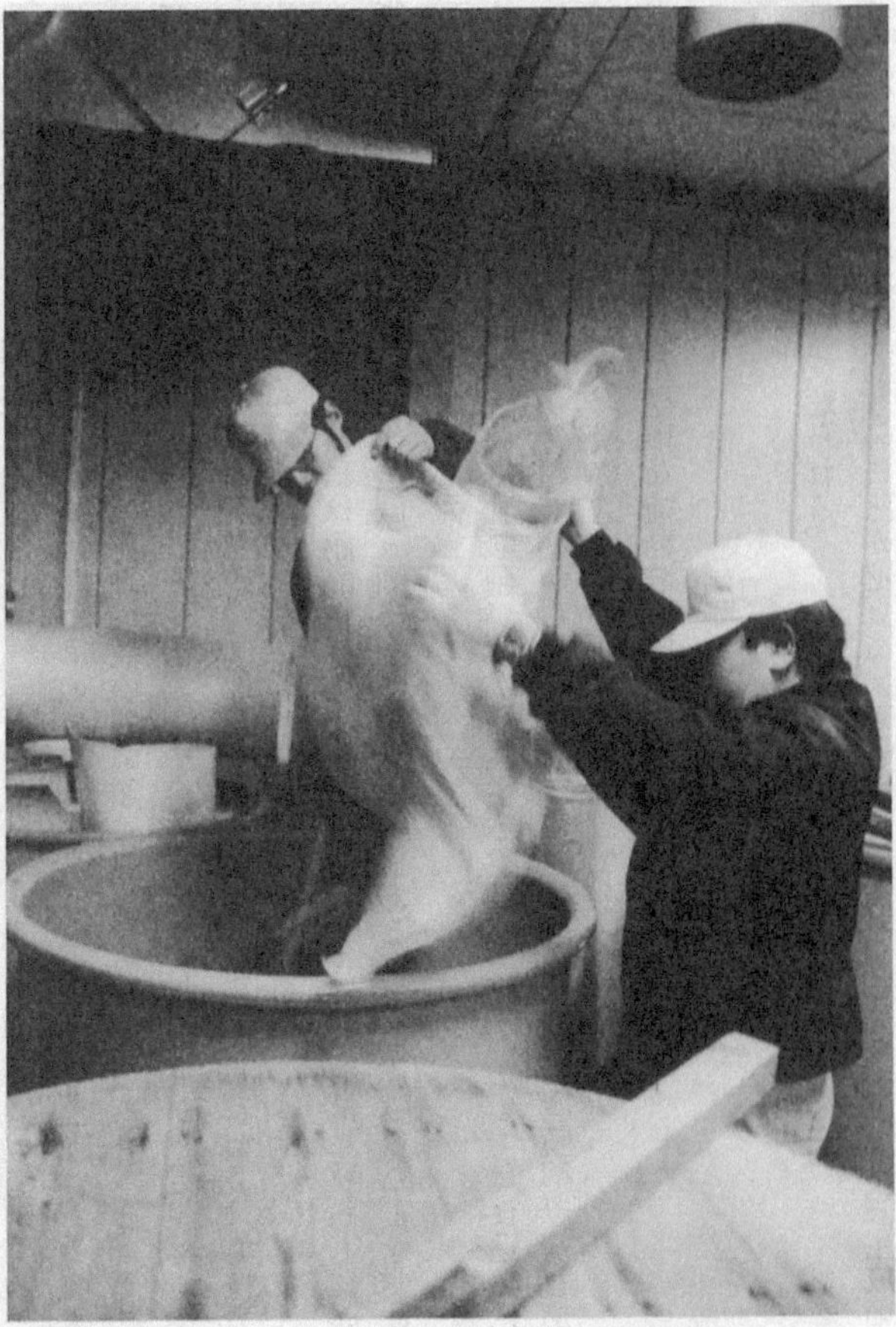

酛仕込み

ために は無縁のものなので、詳述しない。

酒母は、最終的には酵母だけを培養したものであるから、製造方法の相違はあっても、完成した酒母には清酒酵母以外の、有害な他の細菌類は混在してはならない。

酒母の製造は開放発酵で行なわれる関係上、麹や容器、櫂《かい》などの器具から野生酵母や雑菌が混入し、あるいは空気中から飛来するものもある。酒母製造の初期にはさまざまな微生物が混在しているが、これらの雑菌（幕下菌）は正常な製造工程中にはほぼ淘汰《とうた》される。

しかし、腐造性乳酸菌のなかには耐酸性が強く、酒母中で生き残って醪に移行してからも活動するものもあるので、仕込蔵、酒母室、製麹器具、あるいは仕込み水などを常に清潔に保つよう留意しなければならない。

生酛系酒母では、硝酸還元菌や乳酸菌が順次活動する。硝酸還元菌としては仕込み水のなかに存在する水性バクテリア類、麹からのミクロコッカス属の細菌と産膜酵母などがあるが、次々と淘汰が起こり、最終的には清酒酵母だけとなる。自然の生態系を利用した見事な純粋培養技術なのである。

原料

酒母は次のような原料で造られる。

酒母麹は強い糖化力を有することが必要で、かつ酵母の栄養源となるアミノ酸生成のために蛋白分解力も必要である。これらの酵素のほかにいくぶん味乗りのある麹が必要で、香味を害さない程度に麹の在室時間を長くするべきである。

酒母用水としてはカルシウム、クロール共、四〇から五〇ppm程度の水がよい。適度な硬度やクロールのある水が要求されるのは、単に酵母の栄養源として必要であるばかりでなく、これらの塩類によって生ずる水の緩衝作用が麹菌などの酵素作用を好適に保つからである。

「強い水」としての必要条件であるカリウムや燐《りん》酸などは麹菌や酵母の作用を助け、ことに生酛系の場合には硝酸塩として四〇から五〇ppmが必要である。

速醸系酒母に乳酸が使われる。

昔は汲水一〇〇リットル当たり六七〇ミリリットルが標準であったが、現在では昔よりも乳酸の濃度が高くなっているので、五〇〇ミリリットル程度の添加で十分である。ただし、昔どおりの歩合としたのでは麹菌や酵母の活動が多少阻害されるので注意を要する。

蔵内が汚染されていて醪の生酸量が多い酒造場では、やや多めに使わなければならない。

酵母はSaccharomyces sakeと言い、球形または小判形で、顕微鏡下三〇〇倍の倍率で粟粒くらい、八〇〇倍で米粒くらい、一五〇〇倍で大豆粒くらいに見え、実際には六から一二μの大きさである。

速醸酛は水麹の時点で、高温糖化酛は酛立て後、品温を約三〇度まで冷却した時点で、

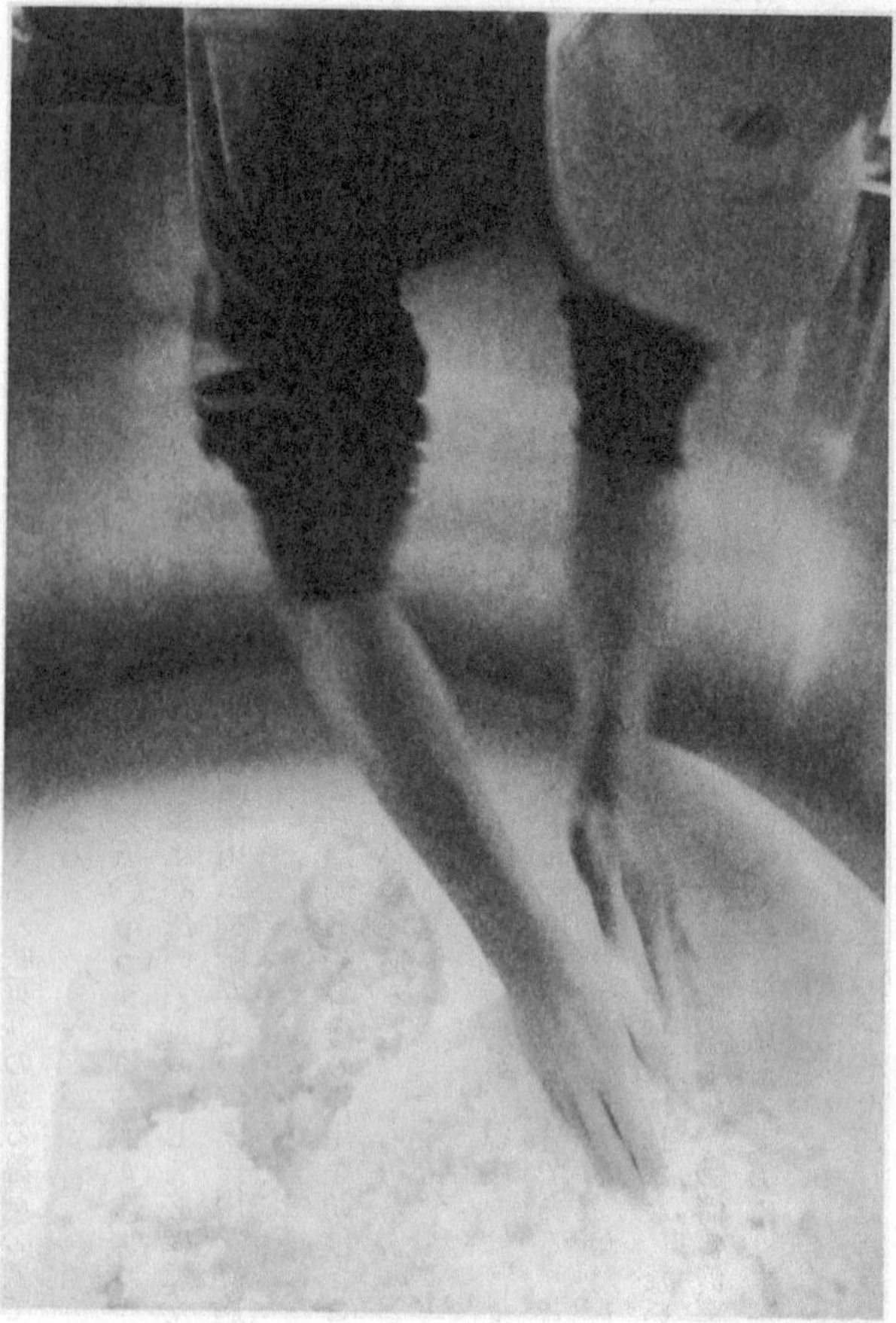

酛仕込み

生酛系では亜硝酸が消失する時点で、酛の物量一〇〇キログラムに対して、アンプルの酵母一本以上を添加する。

酵母を活性化する場合には、培養基（麴汁、または、汲み掛け終了時の糖化液をボーメ六から八程度にしたもの）に純粋酵母を添加し、三〇度から二六度の温度（例・麴室の室温）で約二昼夜培養する。

活性酵母は若くて数も多く、吟醸造りに適するが、培養する者の技術的な癖によって酵母の性質が変化しやすく、微生物の取り扱いに習熟した人がやらないと雑菌による汚染を招くおそれが多分にあって危険なので、厳重なる注意を要する。

酵母の性質は醪の経過、状貌、香味、そして製成酒の酒質に大きく影響するので、どのような酵母を選択するかは大きな課題である。

しかし半面、純粋で強健な酵母を使用することは大切であるが、特定の種類の酵母を使えば自動的によい酒ができるというほど酒造りは単純なものではない。酒造りの要訣《ようけつ》はあくまで原料処理にあり、その意味で、酵母の選択は従にすぎない。ことに近年、目新しい新種の酵母ばかりを珍重する風潮があるが、これから造ろうとする酒の酒質に応じて、それに相応しい酵母を選択しなければならない。

酒母の総米重量により「九十キロ酛」「百キロ酛」などと呼び、一本の壺代に仕込んだ酛を分割して二本の醪に使用することを「二ヶ酛」と言う。

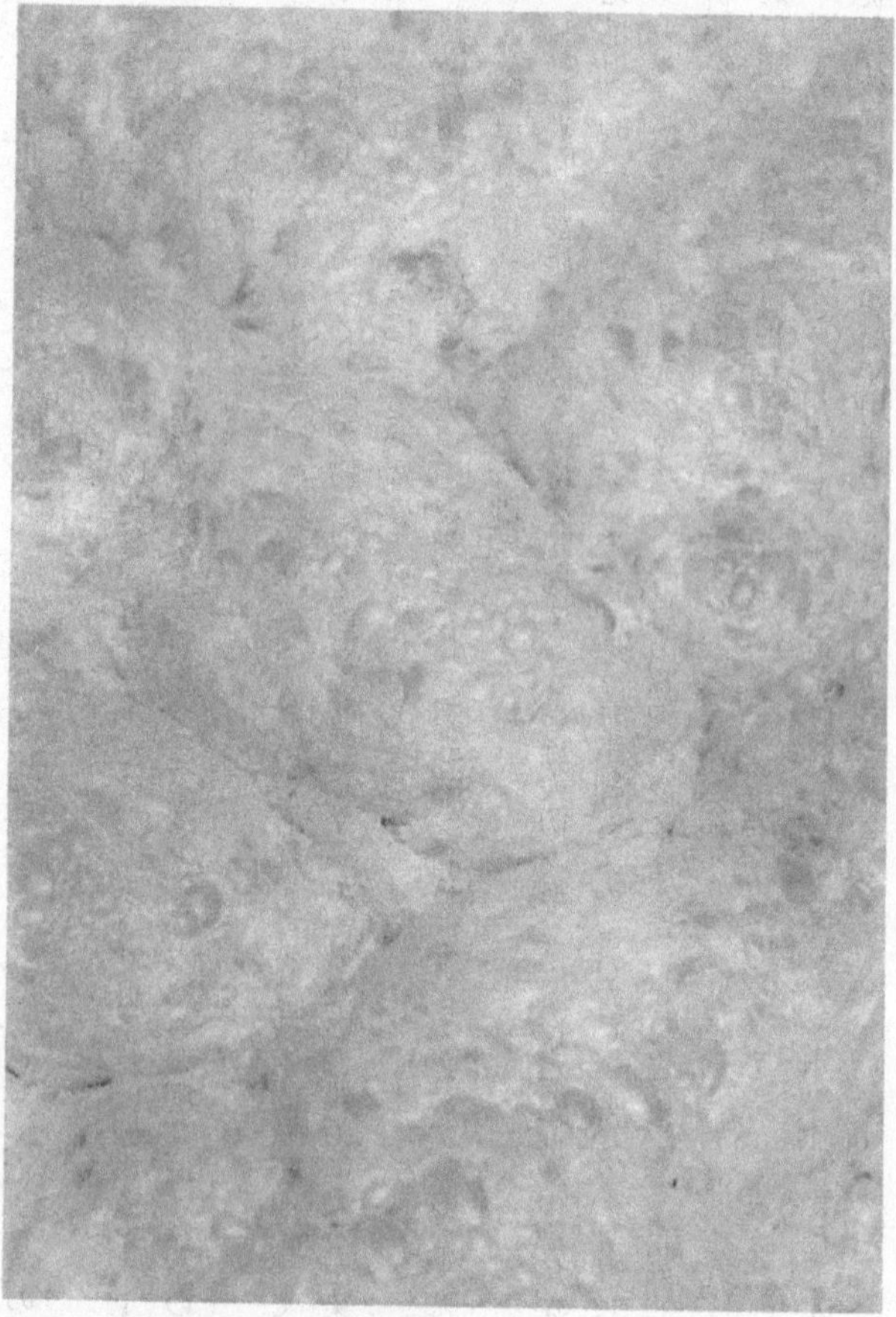

ナマコ泡

二ヶ酛は物料が多く、櫂入れや暖気《だき》入れがやりにくいので、生酛系の場合は一ヶ酛が望ましい。

生酛や山卸廃止酛は酵母数が少ないので、やや多めの酒母歩合とし、高温糖化酛は酵母数が多いので、やや少なめの酒母歩合とするのである。

通常、酒母総米の三三％内外の麹を使用する。

麹歩合を増やすと糖化力が大きくなって、蒸米の糖化溶解がよくなると同時に、麹自体の分解物も出るので酒母もボーメが大きくなり、酒母の健全性や、濃い酒母を造る上では都合がよい。

汲水歩合は、速醸酛の場合は、以前は酒母総米に対して一〇五％前後だったが、現在では一一〇％が標準である。

高温糖化酛の場合は、以前は一五〇％前後だったが、現在は一七〇％内外まで水を延ばす傾向がある。

生酛系の場合は、酒母総米に対して一〇〇から一〇五％と、水を詰めて仕込む。

糖分の集積を早急に行なわせるためには汲水を延ばしたほうが有利であり、また、吟醸米などの溶けやすい米の場合には、汲水を延ばしたほうがサバケのよい酒母とすることができる。

酒母室は外気から完全に遮断した一室で、菌学的に清潔を保つことは当然として、常に室温五度内外を維持可能な空調設備があることが望ましい。

醪

醪の概念

醪《もろみ》とは、酒母を土台にして麴、蒸米を水に仕込み、有害菌の繁殖を防止しつつ、なるべく、純粋に清酒酵母の増殖を行なわせ、アルコール発酵を営ませるものである。

このためには優秀な酒母、麴、蒸米が必要不可欠だが、それぞれ理論的に、かつ実際的に考えうる範囲で優れた酒母、麴、蒸米を使っても、必ずしも優良な酒を造りうるというものではない。

それぞれの酒造場との相性のよい酒母、麴、蒸米の組み合わせというものがある。このため、昔から「酒屋万流」と称せられるのであるが、その組み合わせの妙を確立してこそ、優良なる酒を安定的、継続的に造れるようになるのである。

仕込みの形式

醪の仕込みは、「初添《そえ》」「仲添《なかそえ》」「留添《とめそえ》」の三段仕込みで構成される。後半で四段仕込みを行なうことがアルコール添加酒の場合は恒常化しているが、これは「純米酒」の造りには「百害あって一利なし」なので割愛する。

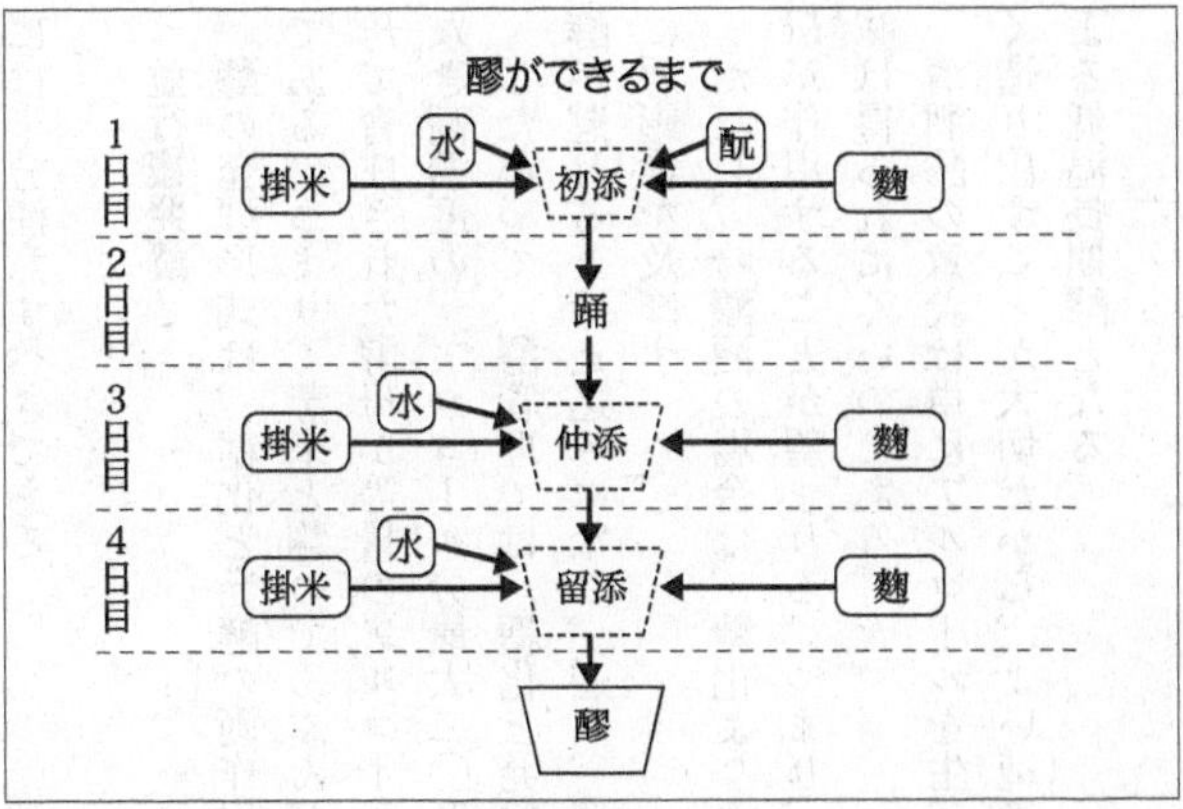

醪ができるまで

醪は常に開放発酵で行なわれるため、有害菌が侵入する危険な状態にあるので、酒母の乳酸を活用して汚染を防ぐ。

まず、初添仕込みでは、酒母の三倍程度の量にして有害菌の繁殖を防ぎつつ酵母を増殖させ、仲添仕込みではさらに倍量に、留添仕込みでは仲添の量をさらに倍量にする三段仕込みにより、糖化と発酵を行なう清酒特有の発酵形式である。

この方法は、酒母の酵母や酸量を一度には薄めず、しかも初添の翌日には「踊《おどり》（仕込みを休む）」をとって酵母が増殖する時間を待って、圧倒的に多数の酵母数を確保する特徴がある。

このような発酵形式であるため、醪への野生酵母や有害菌の侵入は当然起こりうるので、常に蔵内を清潔に保ち、微生物管理には十分注意すべきである。

並行複発酵

醪の発酵形式は、糖化と発酵の両作用が並行協調的に行なわれる、いわゆる並行複発酵である。つまり、蒸米と麹のでんぷんが麹の糖化酵素によって糖化され、その糖分を、酒母で育成された酵母が等量のアルコールと炭酸ガスとに分解して発酵が進み、世界に比類なき高濃度の、アルコール分最大二〇％程度の醪が生産される。

したがって、醪管理では、糖化と発酵の調和を図ることが大切で、糖化が進みすぎて発酵が遅れると冷え込みになり、逆に、発酵が進みすぎると苛湧《いら》きとなって、いずれも酒質に悪影響を及ぼす。

ただし、吟醸酒の場合は、糖化よりも発酵がわずかながら先行し、腹八分目の状態で酵母が作用することが望まれる。つまり、酵母が栄養過多の状態では吟醸酒特有の吟香や吟《ぎん》味《あじ》は得られにくいのである。

清酒醪の意義は単にアルコールを生成することではなく、清酒特有の香味をバランスよく造り出すことが大切だから、よい純米吟醸酒を造ろうと思えば必然的に、丁寧な造りによる低温長期醪となる。

香味の生成

醪のアルコール発酵に付随して、米のでんぷんや蛋白質などの成分が酵母や、麹菌の酵素作用によって分解され、複雑な変化を経て各種の微量成分となり、清酒特有の香味を構成する。

そのうちで酸による香味は、糖分に次ぐ量のもので、その多少によって清酒全体の香味を左右するとともに、安全醸造にも不可欠の成分である。

醪では、酵母や麹菌による酸発酵のため、若干の糖分が乳酸、コハク酸などによるが、醪初期の五日目ころまでは、酒母から移るものもあって乳酸がやや多く、一〇日目ころから等量に近くなる。アルコール発酵が旺盛な場合にはコハク酸が多くなることもある。

ただし、アルコール発酵が微弱になって酸発酵が優先すると乳酸が異常に増加し、香味を害するばかりでなく腐造の危険もあるので、常に酸度を測定して適正な方向に導く管理をおろそかにしてはならない。

最近、酸を減らそうとする風潮があり、少酸性酵母の研究開発もさかんに行なわれているが、適度な酸は酒の爽快さや腰の強さを形成する上で不可欠のもので、あまりにも酸が少ないと上槽《じょうそう》時から味のダレた、腰の抜けたような弱い酒質となり、蛋白混濁や火落ち（雑菌などの汚染で変質する）の危険性も大きいので、決して好ましい傾向ではない。

仕込み作業の基本

各段の仕込みは、いずれも水添（水麹）と本添（蒸米の仕込み）の二段に分かれる。初、仲、留の三段仕込みで、水添とは、初添では「酒母と水と麹とを混合する操作」となり、仲添と留添では、「それぞれ前の物料に水と麹とを混合する操作」で、本添とは、「それぞれの水醪に蒸米を投入する操作」である。

各段の温度は別表の程度で、左側の数値が精米歩合五〇%以下の吟醸酒の、右側が同六〇%程度の酒の基準値である。

これらの温度は水麹の水温と、冷却した蒸米の品温とによって決まる。

予定の仕込み温度にするための蒸米温度は、次の式によって概算できる。

蒸米温度＝（予定仕込み温度 −《マイナス》 水麹温度）×五＋《プラス》 水麹温度

なお、留添の場合は、五の係数は六が近似値となる。

水は冷水機を使用して、ある程度自由に任意の温度を得られる。

蒸米の冷却には、ほとんどの酒造場で蒸米放冷機を使用しているが、これは室温まで蒸米の品温を下げるのに役立つだけで、気温の高いときには目標の温度まで冷却することはできない。冷却はできても、蒸米の硬軟などの調節はできないので、醪に仕込んでから溶解過多になるのを防ぐには、何度も繰り返すが、強い乾燥蒸気で蒸きょうし、外硬内軟で弾力のある蒸米を得ることが基本である。

つまり、蒸米冷却の意義は、所定の仕込み温度を得るための温度調節と、冷気に晒して蒸米の被糖化性を調節することにある。

一般に蒸米が軟らかい場合には水麹温度を高めとし、蒸米の品温を十分に下げてから仕込む。

初添仕込み

初添は第二の酒母である。

つまり初添は、酒母で純粋に培養された酵母をさらに増殖させることを目的とするから、仕込み温度は比較的高めとする。

本添の一、二時間前に酒母と水と麹を仕込み、その後に蒸米を仕込んで本添する。

発酵室の室温が極端に低かったり、酒母が弱性（培養の失敗）と思われる場合、または枯らし期間が長い場合には、往々にして酵母の増殖が遅れることがある。そのため「踊《おどり》」の状態も遅れ、以後の経過に支障を来すので、そのような場合には早めに（前日の夕方ころから）水麹をして、酵母の栄養源確保のために糖化酵素の抽出に努めるべきである。いずれの場合にもタンクに保温マットを巻いて保温する。

いったん枝桶に仕込んで翌日、踊の状貌を見極めたうえで、仲添の前に親桶に移すのが

三段仕込みの各段の温度の基準

	初添	仲添	留添
水添温度(℃)	8〜10	5〜7	4〜6
本添温度(℃)	11〜13	7〜9	6〜8

常法であるが、近年はスッポン仕込みといって、初めから直接親桶に初添を仕込むことが多くなった。この場合は品温が低下しやすいので、枝桶を用いる場合よりも二、三度高めとする。ただし、一五度以内に留め、かつ踊で一二度以下にならないよう保温に注意する。

踊《おどり》

初添仕込みの翌日は、酵母の増殖を図るために仕込みを一日休む。これを「踊」という。

踊の品温は、初添の仕込み時と同じか、〇・五度上がった程度で、筋泡が数ヵ所に現われるくらいの状貌がよい。

全面に泡が現われる場合には醪の経過が湧き進み型となり、まったく泡を見せないときは酵母の増殖が遅れたもので、酒母の枯らしすぎ、弱性、あるいは仕込み温度が低すぎ、などの原因が考えられる。そのような場合には昇温に努めるか、程度がひどい場合には踊をさらに一日延長して（二日踊）酵母の増殖を図ることが、以後の醪経過を安全に導くために望ましい。

踊のボーメは一〇前後が適当で、ボーメが高いものは酒母が若いか、蒸米が軟らかいかで良好ではない。

踊の酸度は、酒母の酸度の三分の一程度となるが、細菌による麹や酒母の汚染の有無や、製成酒の酸度の大小を推測する重要な指標となるので、忘れずに必ず分析してから確かめるべきである。

仲添仕込み

踊の翌日、仲添を仕込む。

本添の約一時間前に、枝桶の初添を親桶に仲打ちして、水と麹を加えて水麹とし、その後に蒸米を投入して本添する。水麹の水量を試桶二杯分ほど控えておき、初添を水と一緒にして親桶まで、ピストン・ポンプで輸送してもよい。

留添仕込み

本添の約二時間前に水麹をし、本添する。

通常、留添の仕込み温度は水麹温度と同温で、蒸米は仕込み温度まで冷却するが、室温が高くていくら放冷時間を長くしても蒸米温度が下がらないときは、水麹温度を低くして所定の仕込み温度とする。

一般に、精米歩合六〇%から五五%程度の酒の場合は、仕込量が比較的大きいこともあって、蒸米を放冷機で冷却した後、エア・シューターで搬送して親桶に仕込む。その際、気温が高くて蒸米を十分に冷却できない場合には、一台の放冷機を通過した蒸米をコンベアに乗せ、もう一台の放冷機を通過させてから仕込めば気温の高い日でも、かなり蒸米は締まるものである。

釜場が狭くて、この方法ができない場合には、いったん放冷機を通してから路地放冷で締めた蒸米を、もう一度放冷機を通してから仕込めば、二台使用するのと同様の効果が得られる。

冷水機の性能には自《おのず》ら限界があるので、水麹が所定の温度まで下がらない場合には、留添の汲水を一〇〇リットルばかり控えておき、蒸米を本添してから検温し、所定の温度よりも高い場合には、製氷機で造っておいた氷を控えておいた水の分だけ醪に投入して、櫂入れを行なえば仕込み温度を調節できる。その際、製氷機の氷は、当然のことではあるが、仕込み水と同じ水で造っておくことが条件となる。

製氷機は、酒母の打瀬《うたせ》や分けなどの際の冷却、斗瓶《とびん》の滓《おり》引きなどにも有用であり、吟醸酒を製造する酒造場にとっては必需品となっている。

精米歩合五〇％以下の吟醸酒の場合には、いったん蒸米を放冷機に通過させ、さらに路地放冷で締めてから仕込むのが一般的である。しかし、昨今は暖冬の場合が多く、まだ蒸米が十分に締まっていない状態で本添すると、所定の仕込み温度とならず、「熱掛け」といって、ボケた締まりのない酒になってしまう。出発点の温度が高い分、醪前半の発酵が急進して、最高温度も高くなりがちで、米を高精白する意義が失われる。

吟醸酒の仕込み本数が以前よりも大幅に増えて、秋や春先の暖かい時期にも仕込む関係上、寒さばかりを当てにはできない昨今、留添の蒸米をどう冷却するかは造り手にとって重要な課題である。その解決策としては、前述したように放冷機の二度通しや、波返し（一一二ページ参照）などの技法が考えられるが、「よい酒を造る」という強固な意志を持っている杜氏にしか、なかなか実行できることではない。

吟醸酒の仕込み本数の増加とともに、一仕込み当たりの大型化が私には気にかかる。一日の処理量が多いと、波返しも何もあったものではなく、ひと昔前までは考えられなかったことなのだが、精米歩合五〇％の吟醸酒ですらも路地放冷を行なわず、放冷機から直接エア・シューターで親桶に送って、あとは野となれ山となれ式の手抜き醸造が当たり前のこととなった感がある。吟醸酒とは本来、ごく少量を丹精込めて造り、その心と技を世に問う珠玉の酒である。それが粗製乱造になってしまったのでは何の価値もないから、むやみやたらと吟醸酒を造るべきではない。

荒櫂《あらがい》

各段の水麹と本添の作業終了時には入念に櫂を入れ、内容の均一化を図る。

各段の仕込みから一〇時間ほど経過すると、蒸米と麹が水を吸って表面に浮き上がるので、これらを液と混和するために櫂入れを行なう。これを「荒櫂」と言う。

留添の後は、大量の物料が水を吸って締まるので櫂入れは重労働であるが、内容の均一化のためには励行しなければならない。

留添を仕込んだ日の夜と、その翌日は、物料が硬いので通常の蕪櫂《かぶらがい》では醪の奥までは入らない。この場合は先端に何もついていない、単なる細長い棒の櫂で醪を深く突き、こねくり回して穴を何ヵ所も開けて炭酸ガスを抜く。この作業を怠ると硫化水素臭様の異臭が発生し、この異臭は製成酒に移行する場合もあり、除去しにくくなるので、重労働ではあってもガス抜きは必ず行なわなければならない。

なお、留添後二日目以降になっても表面が上澄みしている場合は、極端な湧き遅れであるから早急な手立てが必要である。

留添後の経過

留添後の醪管理は、どのような温度経過で内容を導くかが主体となる。

仕込み櫂入れ

酵母が増殖、発酵をすれば品温が上昇する。温度が低いと発酵終了までに長い日数を要し、温度が高ければ短い日数で発酵が終了する。

米の旨味を活《い》かしつつ、淡麗な酒質に仕上げるためには必然的に低温長期醪となり、精米歩合六〇%の「純米酒」ならば醪日数は三週間から四週間の範囲内、精米歩合五〇%以下の純米吟醸酒の場合は三〇日以上の長期醪となる。9号酵母の使用を前提として考えた場合、精米歩合六〇%の「純米酒」ならば最高温度は一三度程度がよく、最高温度にいたるまでの日数は八日から一〇日くらいが標準である。なかには最高温度を約一一度に設定して、吟醸に準ずる、より丁寧な造りをしている酒造場もある。精米歩合五〇%以下の純米吟醸酒の場合には、最高温度が一〇度から一〇・五度くらい、最高温度までの日数は約一〇日が標準である。

いずれの場合にも7号酵母を使用する際には、最高温度はもう少し低めに設定する。

醪の品温は、一日の上下動が〇・五度以上になると焦性葡萄酸（ピルビン酸）が増える原因になる。最高温度まで上げていく場合にも、最高温度以降に下げていく場合にも、一日の品温の変化は〇・五度以内に留めるべきである。また、精米歩合にかかわらず、醪の品温が一五度を突破すると粗雑な発酵状態となって、雑味だらけの酒質になる。このことを私たち技術者仲間では「酒にならずにザケになる」と言っている。

平均的な品温経過のパターンは、大別して次のふたとおりである。

醪の品温経過のパターン

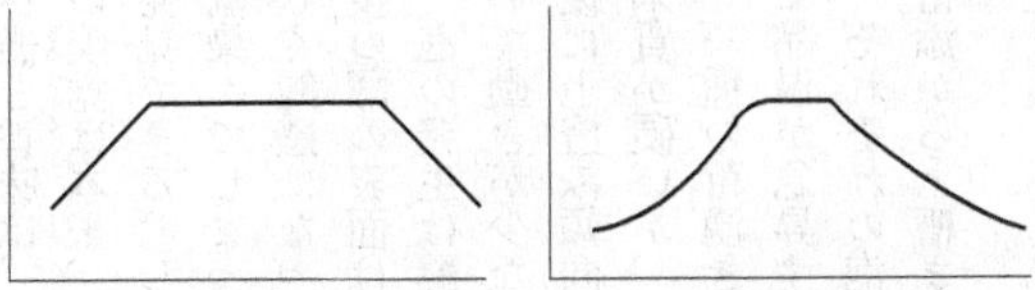

A. 屋島台地型　　B. 小富士型

米質がよくて溶けにくい場合（例・平成六酒造年度）には、A図のように最高温度の期間を一〇日から一四日間くらいと長く取る「屋島台地型」、米質が脆くて溶けやすい場合（例・平成五酒造年度）には、B図のように最高温度の期間を四、五日以内と短く取って、早めにゆっくりと品温を下げていく「小富士型」の経過がよい。

このように、その年の米質に応じて醪の品温経過を考えるべきであり、米質は年によって異なるから、一度成功したからといって、同じパターンを毎年繰り返していたのでは、酒造の成功はおぼつかない。

その他、駱駝《らくだ》型といって、醪の品温が駱駝の背の瘤《こぶ》のように、無秩序に乱高下している事例がまれにあるが、こうなると、何も考えずに放《ほ》ったらかしにしているということであり、およそまともな酒にはならない。

状態と香味

醪の状態と香味は、その時々の発酵の進行状態を示す。

人間の嗅覚《きゆうかく》は本来、非常に鋭敏で、醪の変調によって生ずる酸臭などは、分析値で知る以前に発見できる。しかし、同じ蔵内でずっと作業していると、蔵内のさまざまな香りが身体に馴染んでしまって鼻が利かなくなることがある。また、風邪を引くと味や香りに対して著しく鈍感になってしまうので、吟醸の造り手にとって風邪は大敵である。

留添後の醪の表面は蒸米と麹に覆われているが、二、三日後から筋泡、岩泡、高泡と変化する。泡の発生は酵母の繁殖を意味し、泡のでき具合が遅れたり、あるいは同じ泡の状態が続いて動きが少ない場合は、酵母の増殖や発酵が遅れていることを示す。

留添後に上澄み傾向となり、次いで石鹸《せつけん》泡様の淡い膜の泡、つまり水泡の状貌になるものは、米質が硬いか、麹の糖化力不足によるもので、糖化が遅れて酵母に必要な糖分が不足して、一種の苛湧き傾向になっているものと考えられる。留添後七日目ころ、高泡への移行期に品温が急昇するものは、この苛湧き傾向にある場合が多い。

以下、それぞれの泡の形成期の、発酵状態を解説する。なお、泡なし酵母を使った場合には、留添から上槽までの状貌にほとんど変化がないので、分析値によって発酵状態を確認する。

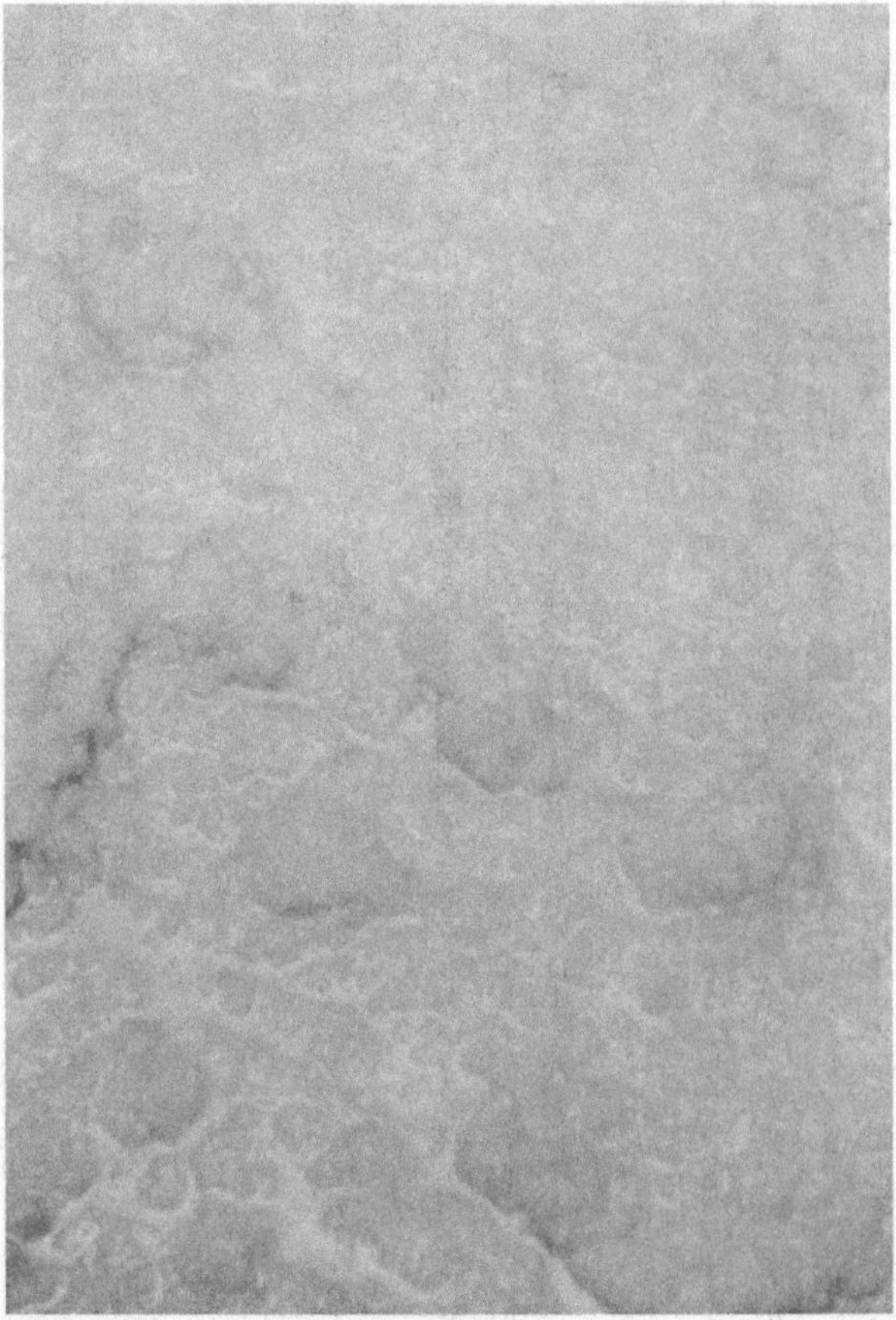

筋泡

「筋泡」

留添後三、四日目に、醪の表面に筋状の泡が現われ始め、次第に数本の筋になる。

この時期を筋泡と言い、ボーメの集積が多く、酵母が増殖、発酵を開始したことを現わす。

「岩泡」

筋泡の本数が次第に多くなって表面全体に広がり、泡の表面が岩石のようにデコボコになった状態を岩泡と言う。

この時期に、酵母が本格的に発酵を開始する。蒸米や麹が軟らかいと品温が急昇しやすい。米粒は潰《つぶ》れずに原形を保ち、適度の締まりがあって、麹や酒母の軽い香を有していて、かつ淡白な甘味を感じるものがよく、苦味や酸味を感じるものはよくない。

「高泡」

岩泡がさらに高くなって表面のデコボコが消え、丸く盛り上がったものを高泡と言う。

高泡は一見、粘調に見えるが、握ってみるとサラサラとして、粘り気の少ないものがよい。粘り気を感じるものは酒母の弱性や、蒸米が軟らかで溶けすぎているものである。また、軽いが淡白なものは味が不足し、色が白っぽいものは糖化不足の現象である。

つまり、泡は軽からず重からず、いくぶん酵母の黄色みが感じられ、櫂などで触るといくぶん落ちるが、すぐにもとの姿に戻る、ゆったりかつどっしりとした状態のものがよい。この高泡期に糖化と発酵がほぼ並行し、留添から七、八日で高泡となって一週間前後続く。高泡になってから一両日で最高温度に達し、その後、「玉泡」「地」と続く。米粒は次第に軟化するが、この時点では潰れずに、ある程度原形を保っていることが望まれる。

アルコールと炭酸ガスによる静かなツン香があり、淡白な甘味と辛味がある。高泡期に果実様の香りを発することがあるが、これは主に麹が軟らかい場合の現象で、この香りは永続せず、製成酒には残らない。

高泡の表面に麹が浮いているのは、麹が膨軟で締まっていない場合の現象であり、このような醪は甘くて鈍重な酒になりやすい。また、苦味を感じるものは蒸米の溶けすぎが懸念され、すえた酸味や細菌臭は厳重なる警戒を要する悪兆である。

泡には多量の酵母が含まれ、泡がつぶれると以後の発酵が鈍り、醪に変調を来しかねないので、タンクの上部に泡笠をかけたり、品温を低く保って泡がつぶれないように努める。

「落泡」

発酵が糖化を凌《しの》ぐ時期で、泡は次第に軽くなり、全体が沈下し始め、櫂でかき回すと、ゴボゴボと音を立てて舞い落ちる状態となる。この時期には酵母数が最高に達し、アルコール分は一〇％内外となる。甘味は減少し、アルコール分の集積で辛味を増す。

泡に粘り気があるものは悪兆である。

「玉泡」

落泡の末期に現われる「前玉泡」、液面に並ぶ「本玉泡」、さらに本玉泡が小さくなった「絞り玉泡」と移行する。

玉泡のなかに霞《かすみ》がかかったように潤んで見えるのは酵母である。本玉泡は美しくて大きさの揃っているのが最上であるが、軽くて薄い泡なので、すぐに消えてしまいやすく、実際にはたまにしか見ることができない。

泡に霞がなくて光っているのは苛湧きしていることを示し、玉があまりにも大きなものは、やや発酵が緩やかな場合に生ずる現象である。

味は次第に酒らしくなり、アルコールと炭酸ガスによるツン香が強くなる。この時期から清酒特有の芳香が徐々に出始める。

玉泡期間は二日から五日と幅があるが、日数が長いものは発酵が緩やかで、そのまま泡蓋となることがある。

「地」

玉泡が次第に消えて、液面が現われた状貌を「地」と言う。地になると糖化は衰え、アルコール発酵は強烈であるが、発酵は次第に終わりに近づき、品温は降下し始める。甘味は減って辛味が増し、香味が完成の域に達する。地の状貌には「坊主」「縮緬泡《ちりめん》」「渋皮」「厚蓋」「飯蓋」「糞蓋」があり、これらは酒質との関連が深い。

蒸米や麹が良好で順調な経過を辿《たど》ったものは泡が消えて坊主となり、酒質は淡麗で含み香がよい。

玉泡が次第に縮んで皺《しわ》が寄り、縮緬泡、あるいは渋皮の蓋となるものは、やや蒸米が溶け気味で後半の発酵が鈍く、やや濃い酒質となる。地の状貌も、酒質を判断する上で重要なものであり、ツン香は最後まで持続するのが望ましい。

成分の推移

正常な醪は、その状貌が順序正しく変わるものである。分析値も規則正しい推移を示すから、正確な分析によって成分の変化を把握し、醪を適切に管理することが重要である。

杜氏によっては、見当違いの秘密主義に陥って、本当の経過簿とは別に、技術指導者に見せるためだけに架空の経過簿を用意している者がいる。しかし、どんなに理想的な品温経過や分析値が記入されていても、紙が発酵して酒になるわけでなく、酒母や醪の現物を見れば、その経過簿の内容がデタラメであることは即座に見破られるものである。

経過簿は、税務署や技術指導者に見せるためだけに記入されるものではなく、発酵状態を正しく把握し、かつ、よりよい造りをする再現性を得るための重要な資料だから、ありのままの品温や分析値を正確に記入しなければならない。

「ボーメ度」

蒸米が溶解、糖化されてエキス分が増えるとボーメの値は大きくなり、糖分がアルコールと炭酸ガスに変化するにつれて値は小さくなる。清酒醪では糖分がアルコールに変わっていくと同時に糖分が補給される。これが並行複発酵の特徴である。

留添後、しばらくの間は酵母の増殖期で、まだ本格的な発酵にいたっていないため糖分が先行し、ボーメが増大する。

淡麗型の「純米酒」の場合、留添から四、五日目に最大値を示し、このときの値を「最高ボーメ」と言う。これは七・〇内外が望ましく、七・五以上だと蒸きょうの際の蒸気温度が低かったり、掛米の放冷が不十分であることなどが考えられる。八・〇以上だと、これは明らかに蒸米の溶けすぎで、軽快で含み香の豊かな酒にはなりにくいばかりか、醪後半において発酵が鈍りがちになる。

その後のボーメの切れ方は、ボーメの減少につれて新しい糖分が補給されるので、アルコールが集積されていく割には切れ方が少ない。

一般的には、最高ボーメの後、一日に〇・四から〇・六ほど切れ、落泡時で三・〇から三・五程度となる。落泡から地にかけての発酵がもっとも旺盛な時期には一日に〇・五程度切れるが、地の後半からは一日の切れが〇・三から〇・二程度と鈍くなる。つまり、ボーメは途中で止まらずに、最後まで順調に切れていくことがよい酒を造るための必須《ひっす》条件であり、特に「純米酒」の場合には、醪末期の低温の環境下でも発酵力が鈍らない、強健な酵母の存在が要求されるのである。

本著は主に「純米酒」に関するものであるが、アルコール添加酒の場合、並の醪はアルコール添加すると酵母が衰弱して発酵が停止するが、生酛などの強い醪だと、アルコール添加後も発酵が止まらず、日本酒度が切れていくものである。

ボーメ三・〇から日本酒度に切り替えて、マイナス三〇と表示する。


「酸度」


酒母から醪に移行する酸度は〇・四内外である。そして健全に発酵した醪の酸度は「純米酒」なら一・五から一・八、「純米吟醸酒」ならば一・三から一・六くらいである。

木製の櫂は、長く使っているうちに先端の接合部が雑菌の巣になりやすく、煮沸消毒しても接合部の奥のほうまではなかなか殺菌できないので、それが原因で多酸醪となることがある。このような場合には、FRP樹脂でコーティングした金属製の櫂に取り替えるだけで、酸度が〇・五くらい減る場合もある。

酸度を分析する際、醪の濾《ろ》液は炭酸ガスを含んでおり、このまま分析すると実際の酸量よりも〇・一から〇・二くらい大きい値を示すので、濾液の入ったビーカーやフラスコを五秒間くらい湯に漬けて、炭酸ガスを抜いてから滴定すると正確な数値が得られる。

「アミノ酸度」

アミノ酸は、ある程度は酒の旨味を構成するが、多すぎると雑味の素となる。

特に9号酵母は、米の成分中、でんぷんと蛋白質の両方を栄養源として分解する性質があるので、9号酵母を使う場合には、蛋白分解酵素を極力少なくするような麹づくりが必要となる。

醪の発酵が進み、酵母が衰弱するにつれてアミノ酸は次第に増加する。故にアミノ酸の大小は酵母の生存率を知る上での指針となるので、酸度と同様に細かく分析すべきである。酸度は毎日分析しても、アミノ酸はたまにしか分析しない、あるいは上槽までほとんど分析しない杜氏が多いのが現実である。

製成酒のアミノ酸度が一・〇未満なら、蒸米を締め、麹も締めた正統派の造りの証明であり、上槽後の熟成は遅くなる。逆に、酸度よりもアミノ酸度が多いような場合には、酵

分析風景（アルコール分測定）

母の死滅率が大きく、かつ蒸米が溶けすぎているものと考えられ、味の多いダレた酒になる。

濾液を採取して、酸度を分析するついでに行なえば、アミノ酸度の分析はわずかな時間で終わる。記帳するために分析するのではなく、発酵の状態を把握し、かつ上槽のタイミングを知るためのものなのだから、アミノ酸度の分析を励行する習慣を身につけるべきである。

「アルコール分」

アルコールは清酒の主成分であるが、昔のように酒化率ばかりを考えていると酒質が劣化するので、粕を多く出し、かつ米の芯を酒にして、米の外側の黒い部分を酒粕にする造りを心がけるべきである。

アルコール分は、最高ボーメ時に三％内外、以後次第に増加して、落泡時には一二％内外となるが、やや前急式に傾くと一〇日目に一一%くらいになる。

　醪の末期には、日本酒度が五、六度切れるとアルコール分が約一%増加する。これは米粒の溶解と糖化がさらに進行しているためで、日本酒度一〇がアルコール分二%に相当するものと判断できる。

醪の管理

　醪の管理に当たっては、品温、状貌、香味、分析値などを総合的に検討し、所定の発酵状態となるよう醪を調節しなければならない。

　酒とは本来、長年の経験と鋭敏な勘で造るものであり、分析値は、その時々の結果にすぎない。数値を鵜《う》呑みにはせず、わが子を育てるにも似た心で醪と常に対話する心がけが大切である。また、疲れた状態で作業すると思わぬ事故のもととなるので、一人ひとりが健康管理に万全を期さなければならない。

　気温が急に下がったり、あるいは品温が予定外に下がり気味のときにはマットを巻き、蓋を打って十分に保温する。マットは、台石の部分からタンクの最上部まで巻くのがよく、上縁近くを裸にしておくことは熱が伝導によって失われるので好ましくない。

　醪が急に冷え込むと冷香という異臭がつく原因となる。また、最近普及しつつある二重タンクは構造的に、冷水は循環できても温湯は循環できず、かつタンクの底部や側部ばかりが冷えて、それらの箇所が中央部と比べて著しく発酵が遅れる場合があるので、適当に繰り上げ櫂を入れて、タンク全体の品温が均一になるよう努めなければならない。なお、新型の二重タンクでは、湯も循環できる構造のものもあるようである。

逆に醪を冷却する方法としては二重タンクのほかに、クーリング・ロールマットを巻いて外側から冷やす方法と、表面が星状になった冷却器を醪に挿入し、それに冷水を循環させて内側から冷やす方法、その二者を併用する方法などがある。ただし、精米歩合五〇％以下の吟醸造りの場合は、物料を直接冷やすと溶けやすくなるので、タンクの外側から間接的に冷やすのが望ましい。

留添の品温が高いと、その後の品温が急昇しやすく、逆に低すぎても急昇しがちであり、いずれにしても多酸の原因となるので、留添を適正な品温で仕込んだ後、ゆっくりと品温を上げていくことが重要である。

高泡の初期から玉泡にいたる時期には品温が急昇しがちなので出鼻を抑える。適正な最高温度を何日間か維持した後は、ゆっくりと品温を下げていく。

醪後半の切れが鈍ったからといって、品温を下げずに高めで維持すると、物料が溶けて余計に切れにくくなるので、勇気を持って品温を下げていく。上槽時の品温を低くすることによって、製成酒に含み香を残すことができる。

発酵を進めるための方法として追水がある。

15	16	17	18	19	20	21	22	23	24	25	26	27	28	29	30	31	32	33	34	35	36	37
																						上槽
				地																		

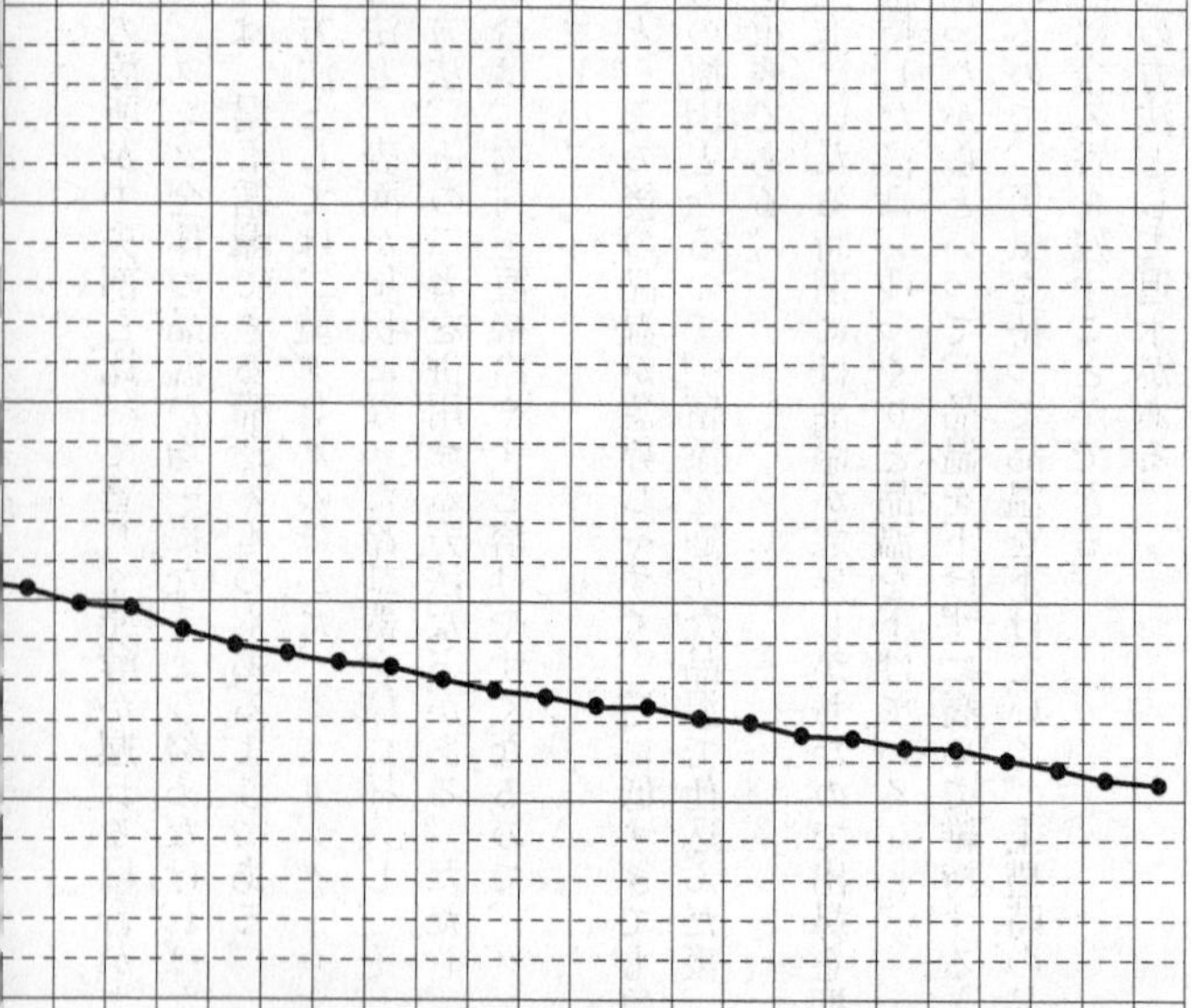

3.0		-23		-17		-13		-10		-6.5		-4		-2	-1	±0	+1	+2	+3	+4	+5	+5.5
12.0		12.8		13.8		14.4		14.9		15.4		15.7		15.9	16.1	16.3	16.6	16.8	17.0	17.2	17.4	17.6
1.2		1.3		1.3		1.4		1.4		1.4		1.4		1.4	1.4	1.4	1.4	1.4	1.4	1.4	1.4	1.4
0.5		0.5		0.5		0.6		0.6		0.6		0.7		0.7	0.7	0.7	0.7	0.7	0.8	0.8	0.8	0.8

醪の経過例

日　順	初添		踊	仲添		留添		2	3	4	5	6	7	8	9	10	11	12	13	14
月　日																				
操　作	水麹	仕込		水麹	仕込	水麹	仕込											追水		
状ぼう												筋泡				高泡		落泡		玉泡

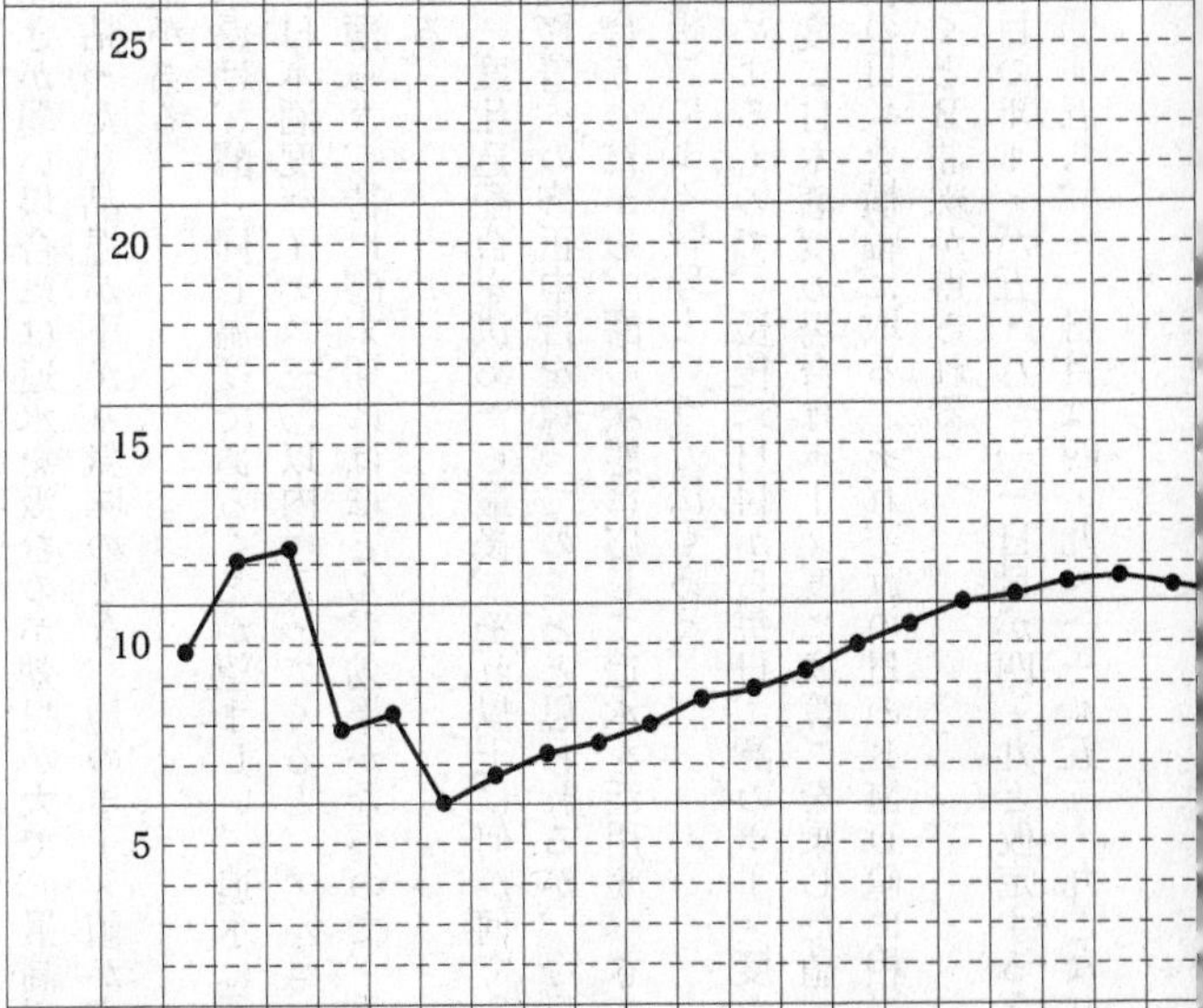

	初添		踊	仲添		留添		2	3	4	5	6	7	8	9	10	11	12	13	14
ボーメまたは日本酒度			9.5						6.8		7.0		6.2			5.0		4.2	3.6	
アルコール分													6.3			8.8		10.2	10.8	
酸　度			1.5						0.5				0.7			0.8		1.0	1.1	
アミノ酸度									0.3				0.3			0.4		0.4	0.4	

濃糖圧迫などで湧きが弱い場合には追水を汲むのが効果が大で、最高ボーメが高すぎるとき、落泡時に泡が粘ったり品温が下がり気味のとき、地のボーメ値が大きくて湧きが鈍いときなどにも効果がある。

追水を汲む際の水温は、醪と同じ温度であることが望ましい。追水は醪が重ボーメのうちにはよく効くが、日本酒度マイナス三〇以内に入ってくると、アルコールで酵母が衰弱しているので効果が薄らぎ、特に醪末期にはほとんど効果がないので、重ボーメのうちに汲むことが重要である。

杜氏によっては、一度仕込配合を決めたら最後、それ以上は何が何でも追水を汲まない人がいて、これは税務署への修正申告を嫌ってのことと思われるが、今日では昔と違って事後申告で十分間に合うのだから、醪の状態に応じて追水を活用すべきである。

ボーメ曲線（B曲線）による管理という方法もある。

萱島昭二氏の提案によるもので、留後二日目から毎日、醪のボーメ度を測り、留後の日数にその日のボーメ度（日本酒度の場合はボーメ度に換算）を乗じた値（BMD値）をグラフの縦軸に、留後の日数を横軸に取る。それぞれの日のBMD値に相当する点をグラフ上に取って結んでいくとB曲線が得られる。

たとえば、一〇日目のボーメが五・八、一一日目が四・九と仮定すると、一〇日目のBMD値は五・八×一〇＝五八、一一日目は四・九×一一＝五三・九となり、グラフ上にプロットして結んでいく。

Ｂ曲線はボーメの切れ具合を鋭敏に示し、前急型では曲線の山が早く、かつ低くなり、前緩型では曲線の山が遅く、かつ高くなる。これによって発酵状態を把握し、品温調節や追水などの操作を行なう上での参考とする。

ただし、理想的なＢ曲線があったと仮定して、それと寸分違わぬ経過の醪があったとしても、水や蒸米、麹、酒母、造りの技術が違えば当然、製成酒の香味は実際には千差万別である。特に醪の末期、日本酒度がプラスに移行してからの発酵状態や上槽のタイミングは、およそＢ曲線では見当がつかないから、あくまで「官能優先」で作業を進め、Ｂ曲線は、醪が大過なく発酵しているかどうかの目安に留めるべきである。

吟醸醪を上槽するタイミングは醪を唎《き》いてみて、甘さが消えて、まだ吟味が残っている時点である。早すぎると甘さが残り、遅れるとただ単に薄いだけの酒になってしまう。このように吟醸醪は、あくまで官能優先で上槽すべきで、日本酒度は結果にすぎない。

気温が低くて風がなく、小雨か粉雪でも降っていて湿気が多ければ香りが逃げず、絶好の上槽日和である。運を天に任せるというが、神仏を拝むだけではご利益はなく、日ごろから謙虚な気持ちで造りに打ち込む杜氏には、お天道様も味方するようである。

上槽

醪が発酵を完了した段階で、残留固形分（酒粕）と液状部（酒）に分離する作業を「上《じょう》槽《そう》」と言う。

この作業には在来の加圧式酒槽と、自動圧搾機とが使用されている。自動圧搾機は粕剥きの労力を大幅に減らしたが、高精白酒の仕込み本数が増えるにつれて、昔ながらの加圧式のよさが見直され、古い酒槽を手入れして使ったり、新しい酒槽を設置する酒造場が増えている。

加圧式搾り
昔は槓杆《こうかん》式、螺旋《らせん》式だったが、現在では大半が油圧式である。いずれも袋取りと粕剥きに多大なる労力を要するが、構造的に自動圧搾機ほどは強く搾れないので、結果的に酒質への悪影響がなく、酒粕も分厚くてよい。

「酒袋」
太糸で粗めに織った細長い袋で、通常六リットルから九リットル程度の醪を入れる。以

上槽

前は木綿布に柿渋を塗っていたが、現在はテトロン、ビニロンなどの化学繊維製が多い。袋香が発生すると、せっかくの製成酒が台なしになるので、その防止には十分な注意が必要である。袋香は、袋に付着した油脂分が保存中に酸化したり、あるいは微生物が繁殖したために発生する異臭で、造り初期の醪を搾った際につきやすい。

米の黒い普通酒などの場合には、味の多さにマスキングされてほとんど目立たないが、味の淡い吟醸酒の場合にはよく目立ち、酒に傷をつける結果となるので厄介である。これを防止するためには、酒袋を水洗いした後、徹底的に乾かして、決して屋根裏部屋などに放置せず、何枚かずつ紐《ひも》で縛ってビニールで包み、冷蔵庫など低温の場所で保管しておき、造りが始まって最初の醪を上槽する前に再びよく水洗いすることである。

昔の木綿袋の場合には、まずぬるま湯を入れた半切桶に浸し、それを人間が足で踏んでから水に浸し、二、三日間、毎日水を替えた。このとき、水一〇〇リットル当たり、二〇グラムから五〇グラムのミョウバン（硫酸アルミニウムに硫酸塩を加えてできる、白色の粉末）、俵二個分の藁《わら》灰、三五％の過酸化水素水を一〇〇ミリリットル加えて浸漬したが、現在の化繊製の袋洗いの場合には、水洗いと〇・五％の過酸化水素水に漬けるだけでよい。ただし、布地が分厚く、かつ袋の枚数が多い関係上、いくら足で踏んでも洗浄は十分ではなく、作業効率も悪いので、大型の洗濯機（ロフクリーン）を使うほうがよい。この機械は高価であるが、毎年ずっと使うものでもあるし、酒質への影響と作業の合理化からす

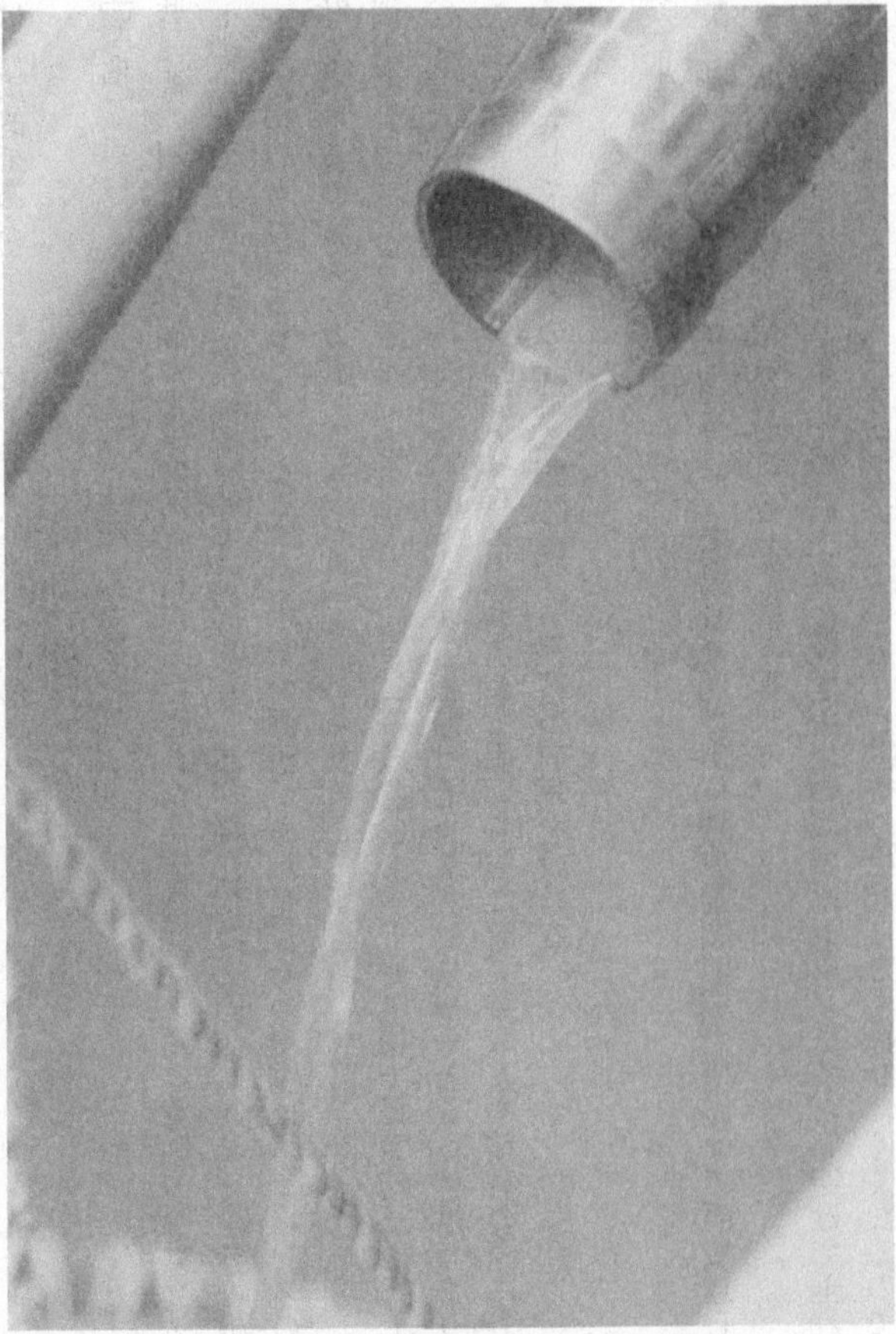

フナクチ

れば経済的である。

「酒槽《ふね》」

昔は欅《けやき》、銀杏《いちょう》、桂、桜など硬質の板材が賞用されたが、内側にタイルを貼ったコンクリート製のもの、ホーロー製のものなどに移り変わり、現在では、内側にステンレスの板を貼った鉄製のものもある。しっかりした木製の酒槽《ふね》があれば、その内側にステンレスの板を貼りつけるのもよい方法である。

酒槽の大きさはさまざまであるが、一〇石（一八〇〇リットル）用で長さ約三メートル、幅〇・七六メートル、深さ一・一メートル、板厚は七センチから一一センチ程度であり、この上に高さ四〇センチ程度の笠枠を二つ重ねて用いる。なお、袋取りや積替の際に袋を置く場所として、酒槽の先端に四〇センチ程度の前耳を設ける。

「袋取り」

醪を仕込み容器から試桶で受けて槽場まで運ぶか、醪自動調節機で槽場まで直接送られてきた醪を袋に詰め、槽の底から並べて積み重ねる。

袋の入れ口は下に折り重ねて左右交互に開き、袋の底部は五センチくらい空けて垂れをよくする。一枚の袋に入れる固形分が多いと、目詰まりを起こして搾りにくくなるので、醪の状態から粕歩合を想定して、入れる量を加減する。

圧力をかけずに酒が流出する間を水槽と言う。水槽の最初の部分を「荒走り」と呼び、これは滓が多いので試桶などで受けて醪に戻す。それ以後を「中垂れ」「中汲み」と呼び、ここからは入れ口のタンクに採る。澄んでおり、もっとも良質な酒を得られる部分である。槽かけ後四時間から六時間経過した時点で、全体の約七割方の酒が得られる。この間に袋の内部では、醪中の大きい粒子が袋の目に溜まり、順次内側に小さい粒子が堆積して濾過層が形成される。その後、加圧してさらに醪を搾るが、この場合に急に大きな圧力を加えると酒袋が破損したりするので、最初は最上部の袋の上に枕木などを乗せて軽く圧を加え、その後に縁抜きと称して、槽の前後一列分の袋を重ねて一平方センチ当たり約三五キロの力で圧搾する。

無理に加圧すると袋が傷む以外に、圧搾機のパッキングが破損して機械油が飛び散る事故が起きるので、無理は禁物である。パッキングは消耗品であり、寿命が尽きる前に新しいものに交換しておくのが望ましい。酒槽を使う酒造家が減って入手しにくいようであるが、現物を鉄工所などに持参すれば、それをもとにして鋳型を起こし、割に安価で造ってくれる。

ジャッキ用の油は、万が一の事態を想定して、食品用のものを用いる。もし普通の機械油を使って、製成酒が油臭を示した場合には、大豆油などの食用油を一リットル程度加え

ヤブタ式自動醪圧搾機

て静置し、機械油を食用油のなかに吸い取った後に酒と分離するが、そのようなことにならぬよう心がけなければならない。

上槽の翌日になると流出が少なくなり、酒槽の隅のほうは搾り切れないので、袋直し（槽直し）と言って袋を積み替え、さらに一平方センチ当たり二〇〇キロ程度の強圧を加える。これを「責め」と言う。

袋直しの際、もう一台別の酒槽（責め槽）があると便利である。責めでは全体の約五％の酒が出るが、雑味が多くて柄が悪いので別に分け、格下の酒に調合するほうがよい。

自動圧搾機

袋取り、袋直しの作業がなく、粕剝きも簡単にできる自動圧搾機が数社から発売され、多くの酒造場で使われている。

仕込みタンクからポンプで送られてきた醪が機械内に入り、各段に充満して搾り出され、最後に加圧して搾り抜くものである。この装置は枠で支えられた袋のなかに醪を入れるため、各段中の粕量が適量にならないと搾りが順調に進まず、濾布が破損したり、ステンレス製の板が曲がってしまうなどの事故も起きるので、一段当たり五、六キロの粕量となるよう計算して板を用意する。

上槽作業ははなはだ簡単で、粕剥きも二人で二時間程度で終了するが、板の洗浄や使用前の組み立て、終了後の手入れには手間がかかる。

濾布は過酸化水素水で殺菌し、十分に洗浄する。これを怠ると板の縁がカビで黒くなり、異臭発生の原因ともなる。分厚い化繊の布製なので、半切桶のなかで踏んだり、櫂で突いたくらいでは洗浄の効果は低いので、大型の洗濯機で洗うべきである。いわゆるヤブタ臭の発生については、金属石鹼によるものなので、これを除去する洗剤（製品名・ケイポールZS）を洗浄時に使用すると効果的である。使用中は、最低でも一週間か一〇日程度の間隔で洗浄、殺菌することが望ましい。

昔、旧式の酒槽を使っていたころは、あまり強くは搾れなかったので酒質に悪影響を及ぼすことがなく、粕もたっぷり酒を含んだ良質のものができた。酒粕の売却益で蔵人の賃金が賄え、酒の収益は全部蔵元の取り分になると言われたものである。

自動圧搾機が開発されて以来、酒槽とは比較にならない強い圧力で搾れるようになった

斗瓶採り

ので、酒化率は向上した。しかし、あまりに酒化率を欲張ると酒の柄が悪くなり、かつ洋半紙のような粕しか出ないので、粕の商品価値を著しく下げる結果を招いた。これではせっかくの機械も意味をなさないので、あまり酒化率を欲張らず、無理に圧力をかけずに粕をたっぷり出して、酒も酒粕も良質のものとすべきである。

袋吊り（斗瓶採り）

以前、鑑評会などへの出品酒は、吟醸酒を搾る際に酒槽の中垂れを汲んで、それを斗瓶で受けて滓《おりび》引きしたものである。このやり方だと新酒が空気に触れず、もっとも望ましい方法であるが、在来の酒槽が少なくなった関係で今日では、多くの酒造家で袋吊りが行なわれている。

小型タンクの上に二、三本の太めの角材を渡し、それに吟醸醪を詰めた酒袋を紐で縛って吊り下げて、呑口《のみくち》（栓）に開閉器を取りつけて、出てくる酒を斗瓶で受ける。この際、高精白の新酒ほど空気に触れると酸化しやすいので、タンクのなかに隙間ができないように酒袋はなるべく多く、ぎゅうぎゅうに詰め、吊り終わったらタンクの上部を厚手のビニールで覆って、ゴム・バンドで固定する。

開閉器の先端から流れ出る酒は、一般的には斗瓶の口に漏斗を差し込んで受けるが、このときにも酸化しやすいので、ラップやアルミ・ホイルで開閉器の先端と漏斗を包み込む

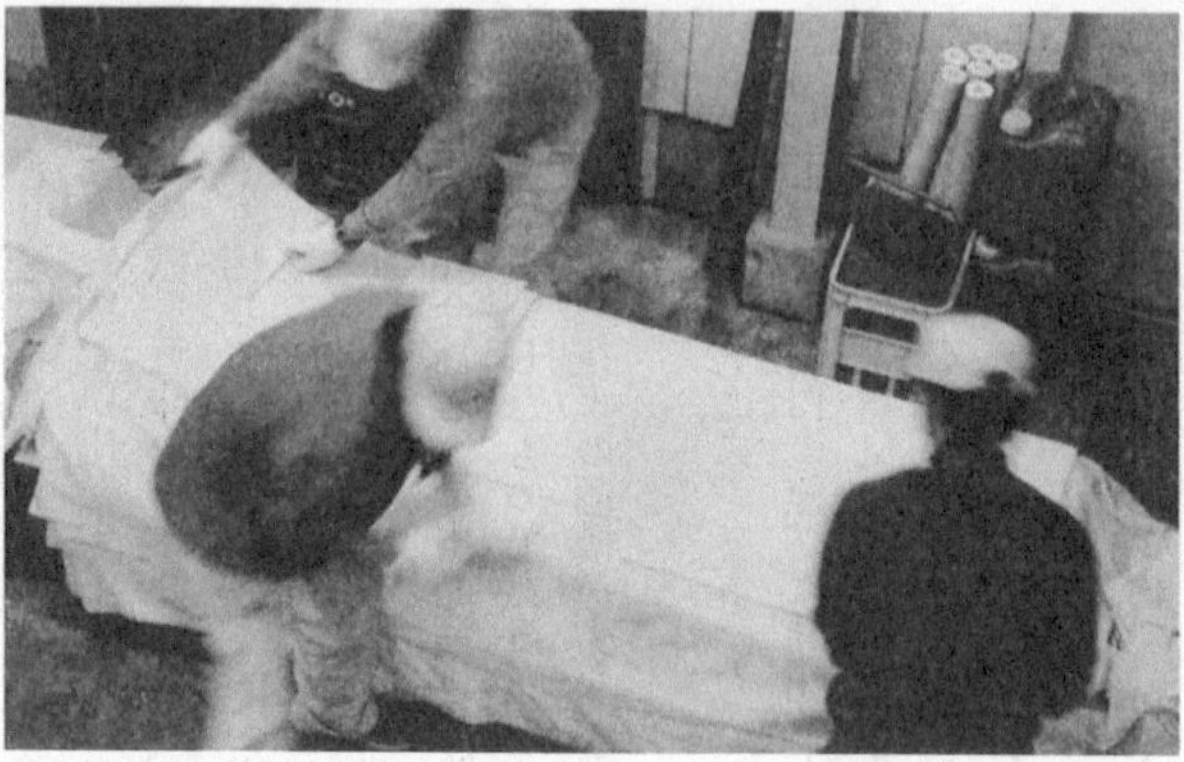

粕離し

とよい。この方法だと、粕歩合や繊維の種類にもよるが、五、六本の斗瓶に酒を採ることができる。

どの時点で袋吊り（斗瓶採り）を止めるかが、杜氏たちの間で話題になるが、それは開閉器の先端から流れ落ちる酒が、割箸《ばし》一本分よりも細くなったときである。それ以上袋吊りを行なっても時間が徒《いらずら》にすぎるばかりで、酒もあまり溜まらないので作業を中止して、袋のなかに残った醪は酒槽や自動圧搾機で上槽する。

この袋吊りが各酒造場で宗教儀式と化している感すらあるが、酒槽がなくて止むを得ずに袋吊りをするのであって、酒槽があるのならば中垂れを汲むのが最良の方法であることを銘記しておきたい。

昔は、竹で編んだ細長い籠に濾布を被《かぶ》せ、それを吟醸醪の中央部に挿入して、籠が浮き上がらないように上から突っかい棒を当て、そのまま放置して、そのなかに溜まった酒を杓《しゃく》で汲み、斗瓶に採ったものである。この方法だとまったく圧力がかからないので理想的ではあるが、醪自体の圧力で布が目詰まりを起こし、いくらも酒が溜まらないので効率が悪く、酒に含まれた炭酸ガスがなかなか抜けない欠点があった。

斗瓶は薄いので割れやすく、酒を入れると重くて危険なので、専用の横木を組んで入れておけば安全に作業できる。斗瓶と同じ形で、五升入りの瓶もある。また、テキーラを輸入する際のガラス瓶が大容量かつ丈夫なので、斗瓶の代わりにこの瓶を使っている蔵元もある。

粕

搾り終わった袋のなかの固形分を取り出す作業を粕剝きと言う。粕が密着した酒袋を指でつまんで粕から離し、袋を振って粕を外に出す。何人もの蔵人が車座になって粕を剝《は》ぐ光景が以前はどこの酒造場でも見られたが、自動圧搾機の場合には、あっという間に作業は終わる。

粕はアルコール分とでんぷん以外に、直糖分、デキストリン（糊精《こせい》）、繊維質、灰分、ペプチード、ビタミン類などを豊富に含む栄養食品であり、焼いて食べる以外に瓜などの粕漬の原料として、あるいは粕汁にとさまざまな用途があり、鮎や鮭、鱒などの魚を漬けても美味である。粕取焼酎《しょうちゅう》の原料にもなる。

粕歩合が大きいと酒質は綺麗《きれい》で柄がよく、小さいと雑味が多くなる。これは醪の前段階、つまり蒸米造りや麹造りによって左右されるもので、また粕を見ることによって、造りの良否を判断する材料となる。ただし、先の項で述べたように、いかに優秀な醪であっても、酒化率を欲張って無理な圧力で上槽すると、せっかくの酒が台なしになってしまうので、精米歩合六〇%の「純米酒」ならば粕歩合三五%程度、精米歩合五〇%以下の純米吟醸酒の場合には粕歩合四五%以上を目標としたい。

粕の裏打ちと言って、酒袋の下部や粕のなかに白い粒が残っている場合があるが、これは麹が硬くて溶けなかったものである。

粕離しから数日後に、黒褐色の斑点が粕に現われることがある。これを黒粕と言い、風味には異常はないが、見てくれが悪いので商品価値は落ちる。この黒粕は以前には、嫌気性菌による現象と考えられていたが、麹菌の生産する酸化酵素の作用であることが明らかになった。現場での的確な防止方法は見つかっておらず、種麹を選別する際の一般論としては製成酒の酸度が少ないと考えられ、また、蔵内が不潔な場合に発生しやすい。

製成

斗瓶の滓引き

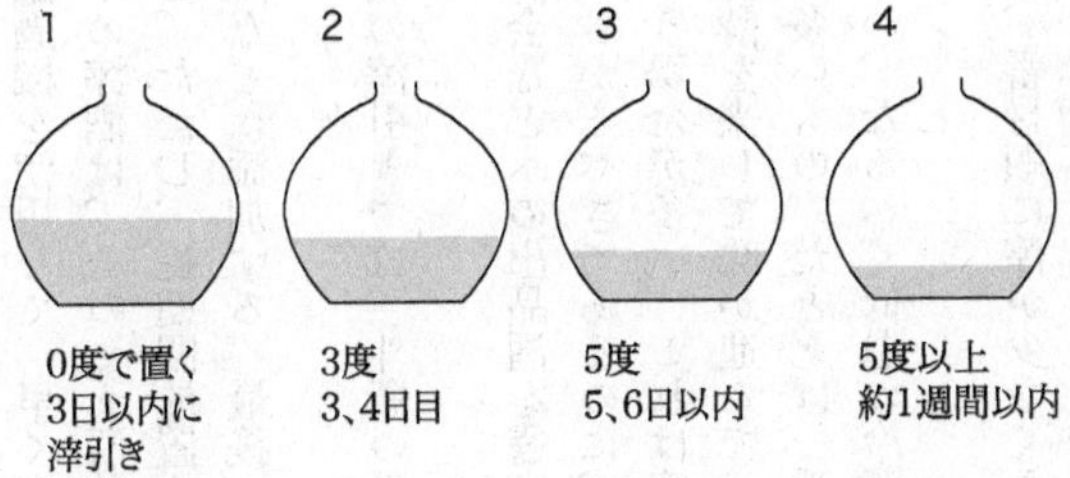

滓《おり》引き

上槽したばかりの清酒には滓が含まれて濁っているが、次第に滓が沈殿して清澄となる。この滓を分離する作業を「滓《おり》引き」という。

在来式の酒槽を用いて上槽した場合には滓の量が多く、自動圧搾機を用いた場合には滓の量が少ない。

滓の成分はでんぷん、繊維質、蛋白質などで、これに酵母が混在しているから、長く置くと香味を損なったりアミノ酸が増加したり、酸味が増えて酒質劣化の原因となる。気温が高いと酵母の再発酵を来したり、滓下がりが悪くなるので、滓引きに用いるタンクは北側の寒い場所に設置し、なるべく早く清澄にすべきである。

滓引き操作は、上槽から清澄分とタンク移動して後、下呑から滓の層を壊さないように上澄みだけを取り出し残りを滓とする。

滓下がりのよい酒は一回の滓引きで十分であるが、

製成酒中に滓が浮遊して滓下がりがよくない場合には二番滓引きを行なう。不十分なものには濾過機を使用して、早く完全に清澄な状態にすることが大切である。

大半の滓酒は、そのまま瓶詰めして滓酒として販売するか、普通酒醪などに添加して処理する。ただし、長期間放置すると色が濃くなり、香味が劣化するので、適宜まとめて普通酒醪などに添加する。最後のものは再び上槽するか、強制的に濾過して清澄な状態にする。

斗瓶の滓引きでは、斗瓶の番号を図のように、上槽から早い順に1、2、3、4と仮定する。

鑑評会などへの出品酒を選定する際に、本来ならば、最初に斗瓶に採った1がもっとも優良でしかるべきであるのに、実際に唎き酒してみると、なぜか3や4の酒がもっともよいという場合が多い。これは滓を多く含む斗瓶を必要以上に長い日数放置した結果、酵母が再発酵を来して味が進んでしまうことによるものである。

滓が多いもの、たとえば一番ならば、斗瓶をプラスチックの箱に入れ、周囲に氷を詰めて、かつ、なるべく低温の冷蔵庫に保管して、なるべく早い時期に滓を引くことが望ましい。

以後、番号順に滓が少なくなるにつれて、保管する品温は次第に高く、滓を引くまでの日数は次第に長くなって構わない。

滓の多いものも少ないものも一緒にしておいて、同じ時期に滓を引くから、滓の多いものの味が進んでしまうのである。要するに、滓の多少に応じて、滓引きまでの品温と所要日数を考慮すべきであり、これは鑑評会などへの出品酒のみならず、市販酒への評価にも重大なる影響がある。すなわち、斗瓶の酒のみならず、上槽してからタンクに溜めた新酒でも、味の軟らかい酒の場合はクーリング・ロールなどを活用して強制的に、早い時期に滓を引くべきであり、米質や造りと酒質との因果関係を知り、その品温やタイミングを正しく判断するための官能を鍛えておかねばならない。

調熟作用

上槽によって醪が清酒と粕に分離された時点で、発酵はほとんど停止するが、まだ清酒中には少量の酵母や酵素類が残存し、デキストリンは糖分に、蛋白質はアミノ酸に分解されるなど徐々に成分が変化し、風味を形成する。これを調熟《まろ》作用と言う。

味が硬くて渋い酒は、ゆっくり調熟させて味がある程度円やかになってから火入れする。反対に、味が軟らかい酒は過熟になるおそれがあるので、なるべく早く火入れする。

新酒は酸化しやすいので、調熟期間中の酒は、なるべくタンクに満量の状態で置く。この間にアルコールと酸度はほとんど変化せず、糖分は比較的増加し、デキストリンは減少する。

濾過

防腐剤（サリチル酸）の使用禁止以後、調熟末期（火入れ前）に活性炭素濾過によって清酒の精製を行なうのが一般的となった。これは活性炭素で濾過することによって清酒中に浮遊している滓を除き、併せて浮遊している細菌を吸着除去するためである。かつ同時に活性炭素には、香味を調整し、味が過熟になるのを防止する効果がある。香味の調整とは具体的には、主に雑味を削り取る作用である。そして、それは、米が黒い酒の場合には必要不可欠のものである。

しかし、高精白酒の場合には、雑味が生じないようにするために高精白するのであって、せっかくよい酒を造っても、必要以上の炭素で濾過したのでは高精白した意義が失われる。その意味で精米歩合五〇%以下の酒の場合にはノー・カーボンが基本であり、それで炭を使わざるを得ないようであれば、原料米や酒造技術などに何らかの欠陥があると言わざるを得ない。

精米歩合が六〇%程度の酒ならば、火入れ前に過熟防止のために、酒一キロリットルに対して、最大でも炭素二〇グラムから五〇グラム程度の使用が限度である。にもかかわらず、高精白酒にも米の黒い普通酒と同様に、やたら炭素を使う風潮がある。これは昔、鑑評会の出品酒に色があると減点対象になったため、大量の炭素で脱色した名残であるとともに、蔵元や杜氏や出荷担当者がいまだに普通酒ばかりを飲んで、高精白酒のよさを自らの官能で理解していないのが原因である。

炭素はあくまで矯正剤であり、欠陥のある酒質を手直しするには役に立つ。具体的には、雑味や異臭の除去には効果を発揮するが、それを使ったからといって決して酒質が向上するものではない。逆に、よい酒に炭素を使ってしまうと、かえって酒質に害を及ぼすものである。その意味で、しっかりした造りの「純米酒」の場合、あくまでノー・カーボンの素濾過か、比較的メッシュの粗いミクロ・フィルターによる濾過で十分である。

濾過機にはメンブラン・フィルターによるもののほか、中空糸による濾過のものなど、品質を損なわないものが各種開発されている。

また、同じクラスの酒同士を調合する際に、いわゆる普通酒などの低精白酒の場合には、調合によって酒質が引き立つ場合が多いが、高精白酒同士を調合すると互いの個性を相殺して平凡な酒質になりがちなので、念入りに唎き酒すると同時に、それぞれの精米歩合なりに、あまりバラつきがなく、かつ一定の水準以上の酒を造っておくよう心がけるべきである。

火入れ

火入れの目的は、加熱による残存酵素の破壊である。これによって火入れ後には香味の熟成が行なわれる。

火入れの時期は、熟成の進み具合を見計らって決定する。通常は上槽から約一ヵ月くらいのころに行なうが、暖地では熟成が進みがちなので早めに、寒冷地ではやや遅めに行なう。また、味が硬くて渋い酒を早めに火入れしたのでは、その後の熟成が大幅に遅れ、いつまで経っても味が若く、何年経っても出荷できないという事態が生ずる。

通常の年にも、早い時期に仕込んだものは、他の醪の仕込み中に逐次火入れを行なう必要があり、皆造後に日を改めて火入れするものは仕込み後期のものに限るなどの配慮が必要である。人手が足りないなどの理由で火入れのタイミングが遅れ、せっかく造った酒が過熟になってしまったのでは元も子もない。

清酒の成分中には火落ち菌の発育を促進する物質が存在するため、火入れ後の酒には菌は皆無でなくてはならない。

操作

火入れには、湯のなかに一升瓶などを静置した状態で加熱する昔ながらの瓶燗《かん》式、湯を張った和釜の内部に蛇管を入れて、そのなかに酒を通して加熱する蛇管式、熱交換器を使用する方法がある。

「瓶燗式」

槽のなかに水を張り、そのなかに生酒を詰めた一升瓶などを並べ、バーナーの火力、またはボイラーからの蒸気を吹き込んで、湯を沸かして加熱する。

酒が移動せず、静置したままの状態で加熱するので酒質への悪影響がなく、吟醸酒などの高級酒には現在でも幅広く行なわれている方法である。

「蛇管式」

和釜の内部にステンレス製の蛇管を据え、和釜の湯を沸かし、生酒をポンプで蛇管に送り込んで熱酒して、入れ口のタンクに送る。

この方式の場合、火入れを早く行なうためには釜の湯温を高く設定すればよいが、酒の流速も速くする必要があり、湯温のわずかな変動が酒の出口温度に大きく影響するので、バルブの調整による温度制御を厳密に行なう必要がある。

皆造の前後に火入れを連続して行なう時期には、一日中湯を沸かし続ける関係上、かまどのなかの煉瓦《れんが》が崩れて小さな煙道ができ、そこから壁面や天井に火が回って火災が起きやすいので、皆造後に和釜を取り外す際や、造りの開始前に和釜を据える際には煉瓦の状態を入念に点検し、確実に補修しておかねばならない。

入れ口のタンクが満量になったら、開口部にパッキングを取りつけて上から蓋を乗せ、締め金具などで厳封する。瓶燗の場合と同様、タンクの上に小穴の空いた塩化ビニール製のパイプを取りつけ、シャワーで急冷する。

「熱交換器による火入れ」

酒を高温にした後、生酒で熱交換して四〇度程度の品温に下げ、入れ口のタンクに送る方法である。

加熱直後に急冷する方式のため、出口温度が低いと火落ち菌に汚染されやすいので、瓶燗式や蛇管式よりも過熱する際の温度を高めに、七〇度くらいに設定する。

ボイラー蒸気によって酒の通過パイプが過熱されているので焦げつきが生じやすく、酒の輸送を途中で止めることが難しいので、その取り扱いには十分修熟する必要がある。

火入れの注意事項

①火入れを始めたら、タンク一本が満量になるまで連続して実施する。

②火入れ用のホースは上質なものを用いる。初めの一、二年は水の輸送に使って馴れさせ、次いで生酒用に使ってから、その後に熱酒用に使ってホースの癖をつけないよう注意する。

③熱酒は逆流防止器を使用して、タンクの下呑口から内部に入れるのがよい。開口部から入れる場合は必ずホースの先端をタンクの底部まで届かせておく。上から放出すると欠減が多くなり、またタンク底部の温度が低い関係で全体の品温が不均一となり、殺菌効果が不十分となるので適当でない。

④熱交換器を使用する場合には、急冷してからタンクに酒を送る関係上、酒温によるタンク内での殺菌ができないので、タンクの洗滌《せんでき》には特に注意が必要である。このため、タンクは入念にブラシをかけて水洗いし（密閉タンクの場合は、肩の裏側を特に注意する）、三％の過酸化水素水を噴霧して殺菌しておき、しばらく経過した後に熱湯でタンク内部を清めてから熱酒の入れ口用に使うなどの配慮が必要である。

⑤火入れ後は室温と外気温とが同じになるまで、窓や出入り口を開放して空気を入れ替える。

⑥冷却水の使用が終了した段階で蔵内を清掃し、乾燥させて清潔な状態を保つ。

温度

火入れは、温度と時間とを併せて考慮する。

温度が六〇度の場合、三分から五分で終了し、六五度なら約五分の一、五五度では五倍の所要時間となる。温度を高くすると完全ではあるが、酒質が害され、反対に温度が低すぎると殺菌が不十分となって、残存酵素の作用により甘香、ツワリ香（一種の酸っぱい細菌臭）などを生じ、最悪の場合には火落ち（雑菌などの汚染で変質する）することもある。これらの点を考えて、酒質を害することなく、かつ火入れの目的を十分に達成する温度となるよう配慮することが必要である。

しっかりした造りの「純米酒」の場合、蛇管式による火入れならば熱酒出口で六五度、蛇管からホースで容器に送られた際が六三度くらいが標準となる。

吟醸酒のようにもともと清酒中の栄養分が少なく、かつ、味が淡麗で力強い酒質の場合には約五九度から六一度とやや低めとする。普通酒と同じ感覚で、高い温度で火入れすると、焦げ臭が生ずる原因となる。反対に、味が多くて弱い酒質になってしまった場合には、火落ち菌に汚染される危険が大きいので、約六七度とやや高めの温度とする。

■火当ての錯覚

高精白米酒の需要が伸びるとともに、造りの季節に多くの酒販店が酒蔵を訪れ、できた新酒を唎き、そして気に入った酒を蔵元に注文する。ところが、彼らが店に帰り、しばらくして蔵元から送られてきた酒を飲んでみると、蔵内で唎いたのとは似ても似つかぬ味になっており、その理由を彼らは蔵元に尋ねる。

「いや、あなたからご注文いただいたタンクの酒をそのまま送りましたよ」

と蔵元は答える。

変だと思ってさらに尋ねると、火当てをしてから瓶詰めしたのだと蔵元は言い、それが原因ではないかと酒販店は考える。

酒には、それぞれの酒質に応じた滓引きの時期、濾過のやり方、火当てのやり方と温度、その後の貯蔵温度などの留意点があるのだが、その知識が大半の蔵元には乏しい。そして昔ながらの、湯のなかに一升瓶を漬ける方式の瓶燗器の設備がないので、鑑評会の出品酒以外は、吟醸酒も普通酒と同じように蛇管で火当てして、そのまま小型のタンクで室温で放置しているような例が多くあり、それが酒質劣化の原因となる。

しかし、それを酒販店が知る由もないので、彼らは火当てという行為そのものが悪いと錯覚し、せっかくの酒が無惨な姿になるくらいなら、何も手を加えないで生のままで出荷してほしいと蔵元に要望する。

そして素人同然の蔵元は、そのパスツーリゼィション（加熱殺菌）の基本を無視した意見を鵜呑みにして生で出荷する。かくして本醸造酒や「純米酒」は言わずもがな、大吟醸クラスの酒までが、生の原酒が無濾過のままで市場に出回り、それがあたかも日本酒の、新しい流通パターンのように勘違いしたマスコミの報道が輪をかけて、「生酒以外は酒に非《あら》ず」といった風潮すら一部には起きている。

貯蔵

一般に酒類は、貯蔵することによって香味が熟成し、初めて飲用に供し得るものである。そのことは清酒も同様であり、新酒の未熟な味は、きちんと熟成した古酒の旨味にはとうてい及ばない。

元来、清酒は古酒になってから市販され、古酒を待つことが酒造家の誇りとされたものであるが、戦中、戦後の酒不足の時代から必然的に新酒が市場に流通するようになり、酒が余っている現代においても、未熟な若い酒や加熱殺菌の基本をないがしろにした生酒がさかんに売られているのは大変に残念である。

清酒は貯蔵中に、香味と成分の変化を伴いながら「熟成」が進行する。

屋外貯蔵タンク

熟成には大別すると、熱、酸素などによる物理的要因（外因）と、酸化的な反応や物理学的な成分変化による化学的要因（内因）とがある。熟成の理論にはいまも未解明のままの部分が多く、貯蔵容器、火入れ温度、貯蔵温度などによってさまざまに異なり、ペプチードやアミノ酸などの窒素物、酸やアルデヒドの含有量が著しく熟成に関係すると言われているが、基本となるものは酒質であり、完全発酵して香味の優れた酒は熟成が遅く、かつ過熟になりにくく、造りの基本に従わない弱い酒質の酒は、どんなに低温で貯蔵しても盆すぎ以降にはダレて過熟となりがちなものである。

しばしば混同されるが、熟成と劣化は別物である。造りと酒質との因果関係を知り、その両者を厳密に区別することから貯蔵についての研究は始まるものであり、「ニーズの多様化に応《こた》える」とか何とか言って、未熟な半人前の酒を出荷しているようでは、およそ、それは「プロの仕事とは言えない」のである。

貯蔵時における重要な問題は品温管理で、要約すれば、「清潔な冷暗所で静かに熟成させる」の一言に尽きる。

古来、酒蔵は土蔵造りが大半を占め、夏場の暑い季節にも蔵内は案外涼しく、およそ室温が二五度以上にはならない配慮がなされている。昼間は戸を閉め、夜半には冷たい外気を入れて、自然を効果的に利用して室温を調節したものであるが、近年では蔵内全体を冷房化したり、貯蔵専用の大型冷蔵庫を設備する酒造家が増えている。

瓶詰めライン

洗瓶機

しっかりした造りの「純米酒」と仮定して話を進めるが、精米歩合が六〇％程度の「純米酒」ならば貯蔵温度は「一八度内外」が適当で、それよりも低いと熟成が遅れる。

精米歩合が五〇％以下の「純米吟醸酒」ならば、火当てした酒は「八度内外」が適温であり、五度以下では熟成が大幅に遅れ、実験としては興味深いが、いつまで経っても出荷できないのでは商売にならないので、冷やしすぎに注意しなければならない。

生酒の場合には、精米歩合の高低にかかわらず、マイナス五度以下で貯蔵しないと「生老ね香」が発生する原因になる。生老ね香は普通の老ね香と異なり、炭素濾過しても消えない厄介な代物で、生酒の場合、味そのものは若くても生老ね香だけが発生する場合が多いので、その意味からも生酒を通年商品とするには無理があり、初夏のころまでの季節商品とすることが望ましい。

貯蔵に関して、興味深い事例を述べておく。

協同組合福岡銘酒会（会員一六場）では、旧国鉄の廃線になったトンネルをJRから共同で借り受け、そのなかで清酒を貯蔵している。トンネル内の温度は年間通して一三度内外に保たれ、そのトンネル内で貯蔵した酒と、酒造場内の冷蔵庫などで同程度の温度で貯蔵した同じ種類の酒を、会員相互が持ち寄って唎き酒したところ、どの酒造場の酒もトンネルの酒のほうがまろやかで、よりよい熟成をしていることが明らかになった。

その理由としては、トンネル内が多湿であること、静かであること、空気が動かず滞留していることなどがあげられているが、どれも明らかな理由として説明できるほどのものではなく、故に熟成とは神秘的で、かつ素晴らしいものなのである。

この福岡銘酒会の酒は、隧道古酒「須々許里《すすこり》」（古事記に記されている、日本に酒造りを伝えたとされる渡来人の名前）として市販されているが、長期熟成の妙を堪能《たんのう》できる酒として好評を博している。

貯蔵を終えた酒は、いよいよ瓶詰めされ、出荷される。洗われた瓶に次々と充塡《じゅうてん》されていくが、洗瓶の際に、シャワーが不十分で洗剤が瓶内に残っていると、せっかくの酒が台なしになってしまうので、ノズルの詰まりに注意し、また、食用油の瓶をまちがって洗瓶機のなかに入れないよう、十分な注意が必要である。瓶内に洗剤などの汚れが残っていないかは、洗い終わった瓶に水を詰め、何日間か放置して潤んだり、濁ったりしなければ良好である。

出荷管理

新酒時には硬くて渋かった酒が、土用を越して次第にまろやかになり、秋が深まるにつれてふくらみを増し、味の底に沈んでいた香りも顔を出す。それを昔から「秋上がり」と呼ぶ。

味が一人前になってから飲む。それは当たり前のことである。あまりにも未熟な酒を出荷したのでは、一時的な売上げは得られても、本質的なよさを飲み手に理解してもらえないので、淡麗さや渋味を、薄いだの苦いだのと勘違いされて、かえってブランド・イメージの低下につながる。

だからと言って春先から味の多い酒を造り、それをキンキンに冷やして飲み手を煙《けむ》に巻くなどというやり方は愚の骨頂であり、あくまで正統派の造りに徹し、きわ立った個性と円熟の味わいで消費者と向き合うのが、これからの酒造家の生きる道であろう。

従来は出荷管理というと、すぐに炭素をどれだけ使うかが論じられるくらいにすぎなかったが、それは普通酒が主流だった過去の話であり、今日における出荷管理とは、「どの酒を、どの熟成の段階で、世間のどんな飲み手に向けて提供するか」が重要な鍵となり、それはあくまで官能優先で、かつ造りと酒質の因果関係を知ったうえで行なうべきである。

現代の飲み手の多くは、味の硬さが消えて、まだ少し若さを保った酒質を好む傾向にあるが、完熟した味を好む者もおり、さらに熟成が進んで枯れた味わいを好む者もいて千差万別であり、微妙に異なる相手の嗜好《しこう》を自社の酒質にいかに共鳴させるか、が出荷管理のポイントである。

そのためには蔵元自身が、常に消費者のひとりとして酒に向き合い、かつ、造り手と飲み手が互いの顔が見える状況をつくり出す努力が必要である。故に、蔵元だから、古参の社員だからといって誰にでも出荷管理ができるというものではなく、出荷管理を担当する者の資格とは、酒をこよなく愛し、よい酒を飲んで審美眼を養い、一流の唎き手、飲み手としての才能を有していることである。

造り手の思想を飲み手に伝え、飲み手の声を造りの現場にフィードバックする、パイプ役としての営業担当者の存在も重要である。造り、出荷管理、営業の各部門にプロとして通用する人材が揃ってこそ、初めて飲み手との間に有意義な関係を構築することができる。

同じ原酒でも、出荷時のアルコール度数の濃淡によって味わいは微妙に異なる。往々にして勘違いされやすいことなのだが、アルコール度数が濃いのが決してサービスではなく、消費者にとって飲みやすいのが本当のサービスなのであり、熟成の具合によって冷やを前提とするか、燗に的を絞るのか、またはその両方をねらうのか、しっかりした造りの酒ならば、ほんのわずかばかりのアルコール度数を下げることによって格段に飲みやすくなることはよくあり、そのあたりの唎き分けができるか否かが出荷管理の成否の分かれ目となる。

■出荷管理者

酒造期以外の作業についてであるが、普通酒ばかり造っていた昔のように、火当てが終わったら次の酒造期まで、粕漬けくらいしかすることがないという時代ではない。高精白酒の出荷量が多くなった現在、酒は、最終的に飲み手の口に入るときに「うまいかまずいか」が勝負だから、造りと同じくらい、あるいはそれ以上に、出荷管理技術の巧拙がビジネスの成否を大きく左右する。原酒は素晴らしいのだが、市販酒はボロボロ……といった例は枚挙にいとまがない。

社長だから、専務だから、古参の社員だからといって、それだけで出荷管理を担当する資格があると思ったら大まちがいである。三倍増醸酒の時代と同じ感覚で高精白酒にも炭を入れ、とんでもない温度で火当てして、微妙な熟成の変化を唎き分ける能力もなく、「造ったんだから、買ってくれ」とメーカーの都合だけで出荷するのでは飲み手はそっぽをむき、これでは自らのイメージダウンを促進しているようなものである。

好きこそものの上手なれ、と昔から言う。出荷管理者の資格とは、まず第一に、自分自身が一介の飲み手として酒をこよなく愛し、鋭敏な唎き酒能力を持っていることであり、かつ酒の熟成は、どんな造りなのかと密接な関連があるから、実際の造りに携わっている者のなかから官能の鋭敏な人材を選抜し、出荷管理を担当させるのがベストである。酒造期間が長くて兼任が不可能ならば、それに相応しい人材を見つけ出して、出荷管理の専門家として育成することが重要である。

第4章　温故知新——生酛が生む「純米酒」

生酛《きもと》という古典的な技法のなかには、戦後の酒造りが、どこかに置き去りにしてきてしまった大切なものが潜んでいる。

だから、実際にやる、やらないは別にして、その技法について知っておくことは、純米酒を軸とした今後の酒造りにとっても有益であろう。そして、正統的な生酛系の造りを知る者が、杜氏《とうじ》にも技術指導者にもほとんどいなくなり、うその受け売りで話が混乱して、奇々怪々な生酛系の酒が氾濫《はんらん》している時代だからこそ、記しておくことも必要かと思う。

生酛系の酒は、自然の微生物の複雑な働きによって酛を育てるという伝統的な技術と、高精白と低温発酵という最新の技術が一体となって醸され、そこからきめの細かさと、大古酒になっても腰が崩れない力強さを併せ持ち、速醸系では決して得られない奥深い味が生まれるのである。多酸で雑味だらけで、ゴワゴワして飲みにくいのが生酛なのではない。

ただ生酛系の造りには、たえず危険が付きまとう。一歩まちがえれば蔵内に柄の悪い野生酵母が増殖し、最悪の場合には腐造という事態すら起こり得る。

生酛系をやるのなら、まず独立した酒母室がいる。何枚もの半切桶と、それを並べる広い場所がいる。専用の櫂《かい》や暖気樽《だき》も揃えなければならないし、そして生酛系の造りに精通した、経験豊富な杜氏の存在が不可欠である。そして長い歴史のなかで凝縮された技術だけに、その完成度を高めるには長い年月を費し、一つの文化を損得抜きで、気長に育てる強い精神力も必要である。

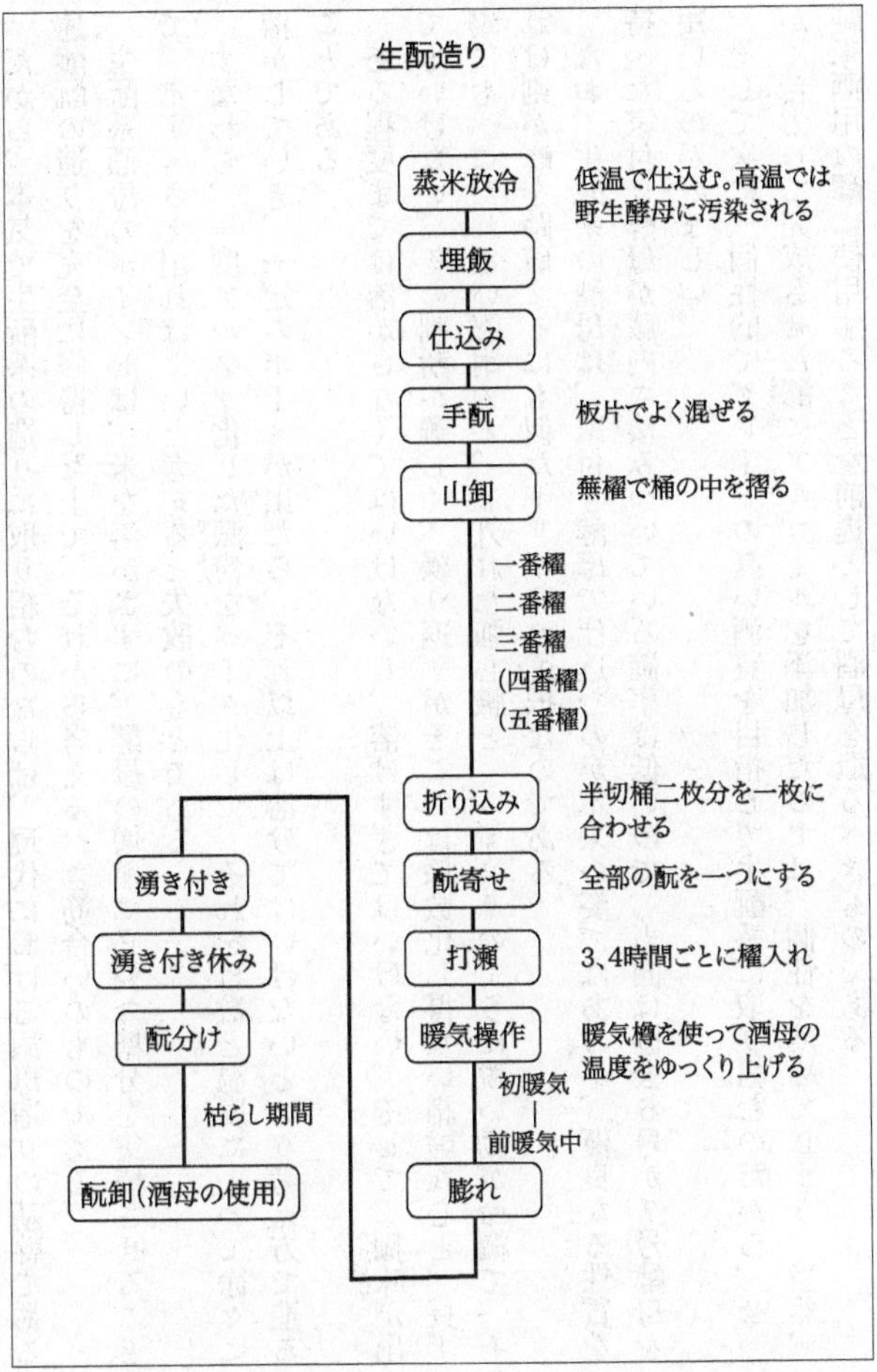
生酛造り
蒸米放冷
低温で仕込む。高温では野生酵母に汚染される
埋飯
仕込み
手酛
板片でよく混ぜる
山卸
蕪櫂で桶の中を摺る
一番櫂
二番櫂
三番櫂
(四番櫂)
(五番櫂)
折り込み
半切桶二枚分を一枚に合わせる
酛寄せ
全部の酛を一つにする
打瀬
3、4時間ごとに櫂入れ
暖気操作
暖気樽を使って酒母の温度をゆっくり上げる
初暖気
前暖気中
膨れ
湧き付き
湧き付き休み
酛分け
枯らし期間
酛卸(酒母の使用)

だから、本気で生酛系の造りに取り組むのならば、現代における酒母造りの基幹である速醸酛の造りを完全に修得した上で、それから考えるべき筋合いのものである。

生酛系酒母のポイントは、米を溶かさずに、酵母の増殖に必要な糖分を集積させることで、ボーメさえ出ればよいと考えると失敗のもとである。

すなわち、一度アルファ化した澱粉《でんぷん》をベータ化して、それを日数と温度によって徐々に溶かしていき、一定のボーメが出たら、それ以上は溶けてはいけないという考え方で造ることである。

ある程度までは溶かさなくてはいけないし、溶けすぎてはいけない。そして、糊味《のりあじ》が出てもいけない。その判断が難しく、繰り返すがそこでは係数化し得ない謙虚な心と、長丁場にもへこたれない忍耐力と、並外れた強心臓と、カミソリのように鋭い勘が命綱で、それは剣が峰を踏破するにも似たギリギリの選択なのである。

なお、生酛系の酒母は、家付き酵母で仕込むのが本来の姿ではあるが、優良なる性質を持った家付き酵母が蔵内に棲《す》みついている確率は低いので、当面は協会6号か7号酵母を用いるのが好ましい。

そして次に、個性的でグレードの高い酒質を目指して生酛系に取り組むのだから、せっかく苦労して完成させた醪《もろみ》にアルコールを添加したのでは、個性を薄めてしまう。当然、純米酒用の醪に使用することを前提として酒母を造るべきものである。

では多少専門的になるが具体的な工程の説明に入る。

生酛造り

酛立て（仕込み）

一〇〇キロの仕込みに対して半切桶六枚くらいに、蒸米と麹《こうじ》と水とを等量に分けて、手で軽く攪拌《かくはん》して品温八度から一〇度以内に仕込む。このとき、品温が低過ぎると糊味が出る原因になってしまい、硝酸還元菌や乳酸菌の繁殖が思わしくなく、内容が不足して、早湧きと同じような結果を招く。

汲水《きゅうすい》は、その一部を控えておき、半切桶の中の物料を壷代（酛桶）に移す際、残った物料を洗い落とすのに用いる。

蒸米は、特に軟らかい場合を除いて、埋飯《いけめし》を行なう。埋飯とは、品温三〇度から二五度に冷却した蒸米を半切桶に取り込み、その上から保温用の布で覆って急冷を防ぎ、そのまま数時間置いて、酛立ての直前に麻布の上に広げて、予定の温度まで冷却するものである。

手酛

酛立てから五、六時間後、米粒が水を吸収して膨軟となり、表面の水分が失くなった時点で、爪という板片（又はプラスチック製）で物料をよく混ぜ合わせる。半切桶の縁の部分は物料が不均一になりがちなので、混ぜ残しのないようよく混ぜる。

これを手酛といい、米粒の軟化を図るのが目的であるが、糊味を出さぬよう、軟質米の場合や気温の高いときには簡単に行なう。

昔は、この手酛を二時間おきに三、四回繰り返したが、現代の高精白米の場合には一度で十分である。

山卸《やまおろし》

酛立てから一五時間から二〇時間、その日の深夜から翌朝、蒸米や麹が水分を均等に吸収したころに、一枚の半切桶当たり二、三人で、半切桶の中の物料を蕪櫂《かぶらがい》で摺《す》る操作を山卸と呼ぶ。

一番櫂は三人で一〇分から一五分程度、櫂に附着した物料が辛うじて落ちる程度とする。摺り終わったら、半切桶の縁や櫂に附着した物料は箒《ほうき》で掃いて内側に落とし、半切桶の縁は布で拭《ふ》き清める。

二番櫂は、一番櫂から二、三時間後に二人で七分から一〇分程度で、櫂に附着した物料が固まりながら落ちる程度を目安とする。

三番櫂は更に二、三時間後に、同程度に行なう。

その後の四番櫂、五番櫂は、二、三時間ごとに一人で五分程度摺り回り、摺った物料が容易に櫂から離れて落ちる程度を目安とするが、高精白米の場合はつぶれやすいので、あくまで必要に応じて行なう。昔は米が黒かったので、摺りつぶすのに苦労したが、高精白の現代では、むやみに摺るとすぐにつぶれてしまって糊味の原因となる。摺らなければならないが、決してつぶしてしまってはならないわけで、どこまで摺るべきかを見計らうのが「杜氏の腕の見せどころ」となる。

また、水が弱く、かつ硬質米で早湧きの恐れがある場合には丁寧に摺るべきであるが、糊味を出すと、その後の糖化と生酸を妨げる原因となるので、十分な注意を要する。

互いの櫂がぶつからないよう、うまくタイミングを合わせて摺るのが難しく、昔は、櫂入れの本数（櫂入れをする回数）を数える時計代わりに唄を歌い、そこから各杜氏集団に「酛摺り唄」が生まれた。

眠くて寒い深夜の重労働であり、この山卸を廃止して簡略化したのが山卸廃止酛《やまおろしはいしもと》（山廃酛）である。

なお、物料を壺代に直接仕込み、電気ドリルで摺る方法が考案されているが、壺代の隅々まで十分に摺り難《にく》く、電気ドリルでかき回すのと、人手でゆっくりと摺るのとは似て非なるものであり、それらの酒のなかに生酛系特有の風味を持った酒は数少ないのが現実である。こんなことならば生酛を名乗らず、山卸廃止酛で十分であり、さらに言うならば、それ以前に、がっちりした速醸酛を修得するのが先決であろう。
なお、山卸の際の品温は五、六度がよい。

折り込み、酛寄せ

最後の山卸が終わって、三日くらいの間に半切桶二枚分の物料を一枚に合わせることを折り込みという。順次折り込みを続け、最後に全部の物料を壺代に一緒にすることを酛寄せという。この時点の品温は五度から六度の間、ボーメは一二から一二・五度、pHは中性である。

この後、二、三時間ごとに櫂で壺代のなかの物料を攪拌する。これを酛掻きという。

打瀬《うたせ》

酛寄せから初暖気（初めて暖気を入れること）までの期間を打瀬といい、三、四時間ごとに軽く三、四〇本くらい櫂入れを行なって、米粒の溶解、糖化を図る。品温は五度から六度とする。

打瀬期間は、この温度を保持して酵母の繁殖を抑え、かつ硝酸還元菌や乳酸菌を繁殖させる準備期間である。

この期間中の品温が低すぎると亜硝酸の生成が少なく、乳酸の生成も遅れるので早湧きの危険がある。また、品温が高すぎると亜硝酸の生成は早いが、生成した亜硝酸の消失も早くなり、酵母の繁殖が早いので早湧きの危険がある。

硝酸還元菌は酸度〇・五で増殖が阻害されるので、打瀬中の酸度は〇・五以下でなければならない。総じて生酛系酒母では、まず甘味が乗り、その後に酸味が次第に出てくるのがよい。米粒からの窒素分の溶出はほとんどなく、味は淡白で、ボーメは一二から一三度程度である。

暖気《だき》操作

生酛系酒母における暖気の意義は、酵母の繁殖に必要な糖分を集積する糖化作用を促進する他に、還元、生酸の作用も行なわすことにある。

つまり、暖気の加温によって、米粒から糊を出さずに低温で逐次糖化を進めつつ、この間に亜硝酸を生成し、糖化の進捗《しんちょく》につれて乳酸を生成させて亜硝酸を消滅させながら、酵母に最適条件を与えて繁殖させる複雑かつ巧妙なる仕組みになっている。

暖気による昇温は一日に二度から三度上げて、翌日の暖気入れの前までに二度から二・五度下げる鋸《のこぎり》歯状の経過とする。

初暖気から五、六本目までは暖気繰入時間は二時間から二時間半と短くし、暖気樽も小さいものを使って蒸米の過溶解を防ぐよう配慮する。その後、順次繰入時間を三時間程度まで延ばし、暖気樽も大きめのものを用いるが、暖気一〇本目くらいまでが早湧きの危険性が最も大きい時期であるから、最初の五本は品温一〇度以下、次の五本は一二度以下を厳守する。

昔、木製の暖気樽を使っていたころは、熱湯を詰めた暖気樽を酒母に挿入後、かなり長い間廻していたが、今日では暖気樽の材質がアルマイトやステンレスの軽金属製（熱伝導率が大きい）に変わり、高精白にもなった関係上、あまり長く廻すと蒸米が溶けるので適度でよい。暖気樽に入れる湯の温度が五〇度ならば、挿入後に一、二回廻して留め、それから三〇分後にまた廻す。湯の温度が五五度ならば、三〇分よりもさらに長く留めてから廻す。軽金属製の暖気樽の場合、湯の温度が六〇度では高すぎる。

暖気を十分に効かせるためには室温が重要である。

酒母室の室温は五度程度を維持しなければならない。八度以上になると品温が降下せず、翌日の暖気入れは品温が上昇しすぎるため短くなりがちで、内容の分解が遅れ、かつ早湧きの危険がある。

室温が下がらない場合、氷を詰めた冷温器などで物料を冷却すると余分な溶けができるので好ましくなく、室温を下げて、自然の冷気で壷代を冷却することが優良な酒母造りには望ましい。

暖気操作の種類として、品温や糖化の遅れを補うために上記の方法を一日に二回行なったり、あるいは二本の暖気樽を同時に入れる二本暖気の他に、次のような方法がある。

・熱湯留暖気……早湧きの傾向があるときに、暖気樽を挿入したまま二、三時間留めておく。樽肌は五〇度以上となり、糖化が進められる。

・キリ暖気……米が硬い場合や、早湧き癖のある酒造場で、熱湯暖気を挿入してギリギリと廻す。現在ではあまり行なわない。

・温湯留暖気……湧き遅れに傾いたとき、あるいは酵母の増殖を促進するために行なう方法である。熱湯を入れた上に冷水を入れて割り、四〇度程度の温湯として挿入し、留めておく。樽肌は三〇度前後となる。

なお昔、割暖気と言って、初暖気の頃に温湯を入れて用いたことがあったが、早湧きの原因となるので、今日では行なわれていない。

糖化、生酸などの各作用に関係する微生物の適温は次の通りである。

酵素糖化作用	五〇度から五五度
乳酸菌の生酸	三〇度から四〇度
硝酸還元菌の還元	三〇度から三五度
酵母の増殖	二四度から二五度

「初暖気」

初暖気の時期は酛立てから四日目から六日目である。

この頃は上品な淡い甘味があり、糊味のするものはよくない。

早目に入れれば溶解、糖化が進み、遅目に入れれば生酸作用が進みやすい。この時期の内容成分は、およそ次の通りである。

ボーメ　一二から一三

糖分　一三から一五％

酸度　〇・一から〇・二

「前暖気中」

初暖気から暖気休みまでの間の暖気操作を前暖気という。

初暖気から数日過ぎると、甘味の内に微《かす》かな酸味が感じられ、これを慣《な》れ味という。

硝酸還元菌は中性で五度から八度、乳酸菌は八度から一〇度の環境でもよく繁殖し、酵母は八度以下の低温では増殖し難いことから、まず低温で亜硝酸を生成させ、次第に温度を上げて乳酸を生成させる。酵母は一〇度前後で増殖可能となるから、一〇度前後になるころには亜硝酸と、乳酸の一部がすでに生成されていなければならない。

このように、亜硝酸が残存しているうちに乳酸が生成してくることが生酛系酒母の特徴で、亜硝酸の存在に加えて濃糖（二〇％以上）、低温（一〇度以下）、そして乳酸酸性の三つの条件が備わって野生酵母は急減し、優良酵母の純粋培養が可能となる。

したがって、低温で糖分を多量に出し、また、亜硝酸の最高時に酸度がすでにある程度あって、かつ亜硝酸が残存しているうちに酸度が二から三となるように育成することが必要である。

この初暖気から品温一〇度くらいになるまでの期間は、品温を低く保ちながら硝酸還元作用や、物料の溶解、糖化を進めるので、当初は小型の暖気樽を使って温湯浮かせ暖気とし、次第に大型の暖気樽に変えていく。

暖気二本から四本目頃から、わずかな酸味を感じるようになる。この時期における乳酸菌の数は一ｃｃ当たり一億個前後であるが、その菌数が少なくて乳酸の生成が遅れ、多量の亜硝酸反応を示す場合には、亜硝酸が急速に消失する事例が多く、酵母の淘汰《とうた》が行なわれないので早湧きの原因となる。

また、生酸の進行が早すぎる場合も早湧きの危険がある。

夜間の冷却は、最低を五度から七度の範囲内とする。

以後、暖気操作が進むにつれて品温が次第に上昇し、糖分やアミノ酸が集積し、生酸もさかんになるため、甘味と酸味が調和して爽快《そうかい》な味となる。この間、品温を一〇度から一二度の範囲で保つことは、生酸の速度を調節し、糖化や蛋白《たんぱく》質の分解を促進し、酒母の風味の調和を図る意味から重要である。

なお、高精白米を使用した場合には、生酸が遅れる傾向があるが、このような場合には暖気を抜いた後、暫《しばら》く櫂入れは行なわず放置して、生酸を進めなければならない。

亜硝酸の消長　亜硝酸の消長は、おおむね初暖気を挿入したころから、グリース（Griess）氏反応により検出し、判定される。

酒母の試料を小さじ一杯、白色の磁製皿（猪口で可）に取り、スルファニール酸溶液とアルファナフチルアミン溶液を各々〇・五ミリリットルずつ加え、かき混ぜて一〇分間放置すると、亜硝酸の存在により桃紅色を呈する。その発色度を市販の標準色度表と比色し、一ppmの存在を一ブレーキ度という。

初暖気から四、五日目で最高に達し（一〇〇万分の五から七）、それから徐々に亜硝酸は消失し、一〇日前後で酵母の増殖が始まり、膨れの状貌に達する。

この現象は、水から移行したアクロモバクター（Achromobacter）や産膜酵母のあるもの（ハンゼヌラ Hansenula）が硝酸塩を還元し、亜硝酸を生ずるのであって、この亜硝酸がその毒性によって酒母の早期（まだ乳酸菌が繁殖しておらず、十分な乳酸を生成していない）に繁殖して、乏酸による早湧きを合理的に防ぐのである。

亜硝酸が消失するのは、その一部が、乳酸菌によって生成される乳酸の酸性で遊離のNO_2ガスとなり、そのまま空中に発散することと、一部はアミノ酸と化合して窒素となって揮散するためである。

亜硝酸の消失が急で早湧きの兆候があるときは、百キロ酛に対して、硝酸カリ五グラム（ブレーキ約三〇）程度を一〇〇ミリリットル程度の水に溶かして添加、攪拌すれば、これを防止することができる。

反対に、亜硝酸がなかなか消失しないときは、これはpHが下がらないためなので、pHを下げる努力、すなわち生酸を促進する暖気の操作、具体的には暖気を抜いた後、しばらく櫂入れを行なわずに生酸を進めるなどの操作を繰り返すか、あるいは乳酸を酸度にして二程度、添加する。

しかし、これらの方法に頼らずに、的確なる暖気の操作を実行して、酒母の内容を充実させることが何よりも先決である。

膨れ誘導

初暖気から約二週間経過すると、亜硝酸反応が消失し、糖化と生酸が十分に行なわれて、酒母の内容成分がほぼできあがる。

このときの品温は一四度から一五度、ボーメ一六度から一七度、糖分二六から二八％、酸度五から六、アミノ酸度五くらいとなり、液はサバケよく、甘味のなかに酸味が隠れてカルピスのような爽快な旨味《うまみ》を感じてくる。

この状態は酵母の培養に適しており、百キロ酛一本当たり協会酵母を一、二本、活性酵母なら二リットルを加え、温湯留暖気を行なって膨れに導く。膨れ時の酸度が標準値よりも少ない場合には、乳酸で補酸しておく。

膨れまでの日数が長すぎると、濃糖多酸となって酵母の増殖が遅れ、風味の鈍重な湧き遅れ酒母になりがちである。この場合には温湯留暖気を行ない、その後の櫂入れを止めて酵母の増殖を促し、あるいは適量の温湯で酒母を薄めて、添加する酵母量を多めにする。

また、膨れの時期が早く、早湧きのおそれがある場合には熱湯留暖気を行ない、二時間ごとに追い暖気を挿入して糖化の急進を図り、暖気を抜いた後は、なるべく早く品温を降下させるよう配慮する。あるいは乳酸を添加して速醸型の酒母に切り換える方法もあるが、このような場合は野生酵母が多数存在し、優良な酒母にはなり難い。

膨れ

酵母を添加して一、二日すると「トロロ泡」が現われ、酒母中に炭酸ガスが含まれるので液面全体が盛り上がる。これを「膨れ」という。

この時点で壺代にマットを巻き、木蓋《ぶた》を打ち、その上からも保温して酵母の増殖を図る。

ただし、蓋はわずかに開けてガスを籠《こも》らせないようにしないと悪臭を放つ原因となる。

湧き付き

膨れの翌日、炭酸ガスが包含状態を脱し、ブツブツと放散する状態になったときを湧き付きという。品温は一七度から一九度くらいとなる。

湧き付き時の状貌は、白色で軽く高い泡が早めに来るものは早湧き型、重くて低い泡が遅めに来るのは湧き遅れ型で、そのどちらでもない中間のものが良好であり、この泡の形で酒母の良否が判定できる。

内容成分は膨れのときよりも、ボーメが一度低く、酸度は一・五内外増加するのが標準である。

湧き付き休み

酵母の活動が激しくなると、品温は発酵熱によって二〇度内外を持続するので、これから先は暖気入れを休む。これを湧き付き休みといい、二、三日続く。もっとも、品温が下降気味な場合には、暖めても差し支えない。

この間、酵母のおびただしい繁殖に伴い、アルコール発酵もさかんになって炭酸ガスが発生し、甘味は減少して辛味や渋味が次第に加わり、苦味も生じて押し味を持った味になる。

休み中の香味は速醸酛と比較して、爽快な芳香はやや低い。焦げ臭や刺激臭のあるものは早湧き型で、甘臭、熱臭、ツワリ香（一種の酸っぱい細菌臭）を感じるものは湧き遅れ型である。

休み中のボーメの切れは、酒母の強弱を判定する目安となる。ボーメは初期には八時間から一二時間ごと、後期には六時間から一〇時間ごとに一度ずつ減少し、一昼夜におおね三度内外の切れがあるのが普通であり、一度程度のものは弱性であるから、単独の使用は厳禁である。

この時期、硫化水素臭が出ることがあるが、硫酸塩の還元か、アミノ酸の分解によって生ずるものであり、後には消失するので生酛系の場合には酒母に悪影響を及ぼす心配はない。

酸度の増加は前暖気中よりも急激で、酵母の増殖に伴って増加する。休み中は一昼夜に〇・九から一・三程度増加し、膨れから熟成までの間には三から四の増加がある。アミノ酸は膨れの末期を最高として、休み中には、やや減少するものである。

温《ぬく》み取《と》り

休み中に品温が下がり気味な場合には、温湯暖気を入れて品温を保たせることがあるが、これはあくまで緊急避難策であって、適正な状態ではない。

また、休みの末期に熱湯暖気を入れて、二七度から三〇度くらいまで最高温度を上げることが以前はよく行なわれ、これを前暖気に対して温み取り暖気という。

その目的は、高温、酸、アルコールの相互効果で雑菌や弱性の酵母を淘汰し、強健な酵母だけを残そうとするものであるが、強健な酵母まで死滅する恐れもあり、現在ではほとんど行なわれていない。

順調な経過を辿《たど》った酒母や、香味を若く保ちたい酒母では、温み取りの必要はない。

また、ボーメが一〇度以下になっての温み取りは行なってはいけない。

酛分け
酒母のボーメが一二から八度まで切れて、このまま温度を持続するとボーメが切れすぎて味が少なくなり、酸とアルコールによって酵母が衰弱してしまう。これを防ぐため、酒母を冷やすことを酛分けという。
昔は、壺代の酒母液を試桶に移し、半切桶二、三枚に分けて冷やしたが、近年は壺代がホーロータンクに替わったため、マットをはいで裸にしたままで冷やす。これを丸冷ましという。
使用までの期間が短いものはボーメを八くらいまで切らせて分け、長いものはボーメが一〇くらいの若いうちに分けるなど、使用時を目標として分ける時期を決定する。ただし、旨口の酒や、温雅な（大人しい）酒を望む場合には、若いうちに分けて、若いうちに使用する。

分け時の酒母液は、美麗な霞《かすみ》のかかった玉泡を見せる。霞はだいたい酵母で、細菌は酸とアルコールで死滅するので存在しない。

分け後は時々、軽く櫂入れをするが、これは必ずというほどの意味はない。品温は必ず一〇度以下とし、五度から七度くらいで維持するのが望ましいが、室温が高くて困難な場合には、冷温器に氷を詰めて挿入し、冷却する。

枯らし期間

酛分けから酛卸（酒母の使用）までの間を枯らし期間という。

枯らし期間には徐々に発酵が営まれ、香味の調熟作用が進行する。櫂入れは一日一回程度でよい。

昔は枯らし期間を一〇日以上取るのが常法だったので、使用時に泡は消えていたが、現在はやや枯らし期間が短いので、使用時に多少泡が残っているくらいがよい。

醪の経過を前急にするためには、枯らし期間は、三日から五日とやや短めに、前緩とするためには七日から一四日等、長くする。ただし、長く枯らした場合には、酵母が衰弱している可能性が考えられるので、醪の初添《そえ》仕込みの温度を通常よりもやや高めとするべきである。

生酛系の造りが酒造りの主流を占めていた時代には、酒造期の初めの時期に酛ばかりを連続して仕込み、すべての酛が完成した後に醪を仕込むというやり方が、地方によっては行なわれていた。

そうすると蔵内の都合で、枯らし期間が一ヵ月にも及んだりもしたが、それでも生酛は衰弱することなく、使用時には元気よく泡を立てていたという。速醸酛の枯らし期間がせいぜい四、五日、高温糖化酛の場合は一、二日であることを考えると、厳しい環境で鍛えられた生酛の酵母が、いかに桁外《けた》れに強健であるかが、そのことからも理解できるのである。

使用時の成分目標は、おおむね次の通りである。

ボーメ　　　六から八度

酸度　　　一〇から一一

アルコール分　一二から一一％

アミノ酸度　　六から七

山卸廃止酛（山廃酛）

今日、生酛と山卸廃止酛（山廃酛）を混同している者が専門家の間にも非常に多い。

しかし、山廃酛が生酛系の酒母なのは事実としても、生酛と山廃酛とは本来は別物である。

たいていの酒造講本の類には「山廃酛は生酛とは異なり、初めから酒母タンクに仕込み、手酛や山卸を行なわない……」云々《うんぬん》と書いてあるが、これからして、正確に言えばまちがいである。

昔は、山廃酛も生酛と同様に、まず半切桶に仕込み、手酛を行なって、酛摺り（山卸）は行なわないまでも、蔵内総がかりで、かなりの本数の櫂を入れ、その後に壺代に移し替えたものである。つまり、酛を摺るという行為の有無が異なるのみで、あとは限りなく生酛に近いやり方で山廃酛は造られていた。

また、生酛の場合、山卸（酛摺り）時の品温は五、六度であり、櫂入れを始める時期が早く、かつ櫂の本数（櫂入れをする回数）が多いので、どろどろに溶けてはいてもデキストリン（糊精《こせい》）は少ないので、暖気は温湯浮かせ暖気であり、膨れ以後にのみ熱湯留暖気を用いる。

それに対して山廃酛の場合は、酛立て時の品温が七度から九度と生酛と比べて高く、かつ櫂入れの時期が遅く、櫂の本数も少ない関係上、あまり溶けないのでデキストリンが大きく、初期から熱湯留暖気を入れて糊精を分解するのが昔からの常法である。

このように同じ生酛系でも、生酛と山廃酛とでは暖気の温度や操作が異なり、その理論を知らずに我流で暖気を入れるから、糊味《のりあじ》（ミルク臭とも言う）だらけの酒と成り果てる。

ただ、山廃酛であっても常法に則《のっと》って埋飯《いけめし》をやり、それを広げて手で塊を砕いてからステンレスの酒母タンクに仕込み、夜遅くに蔵内総出で、櫂で物料が溶けるギリギリまで突き、それをホーロータンクに移し替えた後、がっちり暖気を効かせて押し味のある、限りなく生酛に近い正統派の山廃酛を育てている酒造場もいくつかはある。

そのような例外を除けば、一般的に言って、生酛と比べると山廃酛は味に幅がなく、生酛の酒が酸味や渋味や苦味を包み込むのに対して、ややもすれば山廃酛の酒の場合は、それらの味が突出して見える。

これは、いちがいに蒸米のでんぷんを糖化するといっても、山廃酛のように分子構造が大きいデキストリンのままなのか、生酛のように分子構造の小さなブドウ糖が多くなるまで分解するのかによって、味の軽さや切れに差異を生ずるもののようである。

糊味がして味が重くなりがちな山廃酛に対して、生酛の酛摺りは、糖化酵素をより働きやすくすることによって、濃醇《のうじゅん》でも切れのある味わいを造り出す。ゆえに、生酛と遜色な

15	16	17	18	19	20	21	22	23	24	25	26	27	28	29	30
			膨れ		湧付	休み	休み	分け						使用	
			トロロ泡		高泡			玉泡			渋皮				

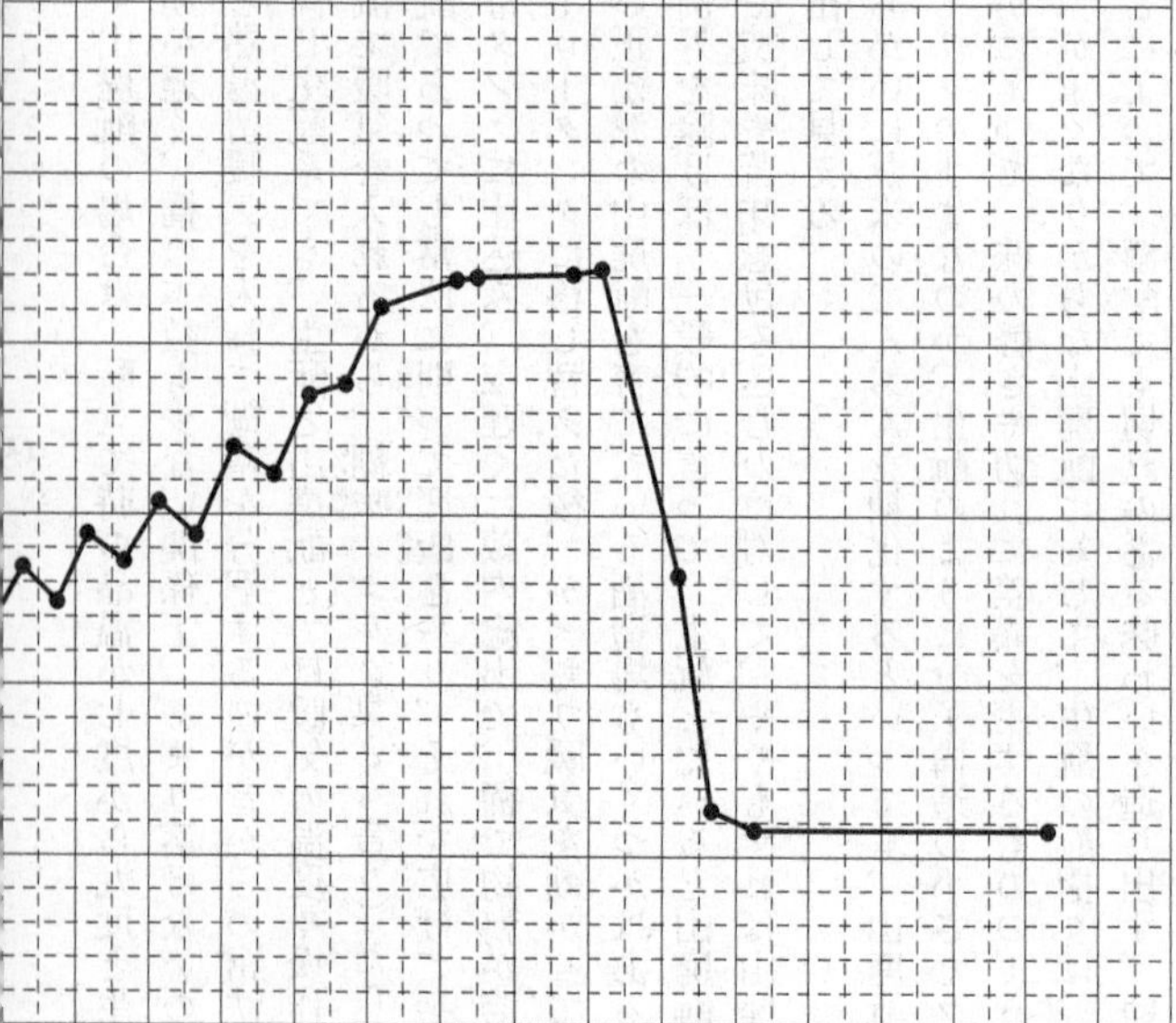

16.2			17.2	16.7	16.2	14.5	12.0	9.5	8.0					6.4	
									11.2					12.2	
4.6			5.4		7.0	8.0	9.5	10.8	11.0					11.0	
26.2			27.4		26.0	22.0		14.4	12.0					10.0	
5.1			6.8		6.3	6.1		6.0						6.2	
3.7			3.6					3.5						3.5	
0															

山卸廃止酛の経過例

日　順	1	2	3	4	5	6	7	8	9	10	11	12	13	14
月　日														
操　作	仕込	打瀬				初暖気								
状ぼう														

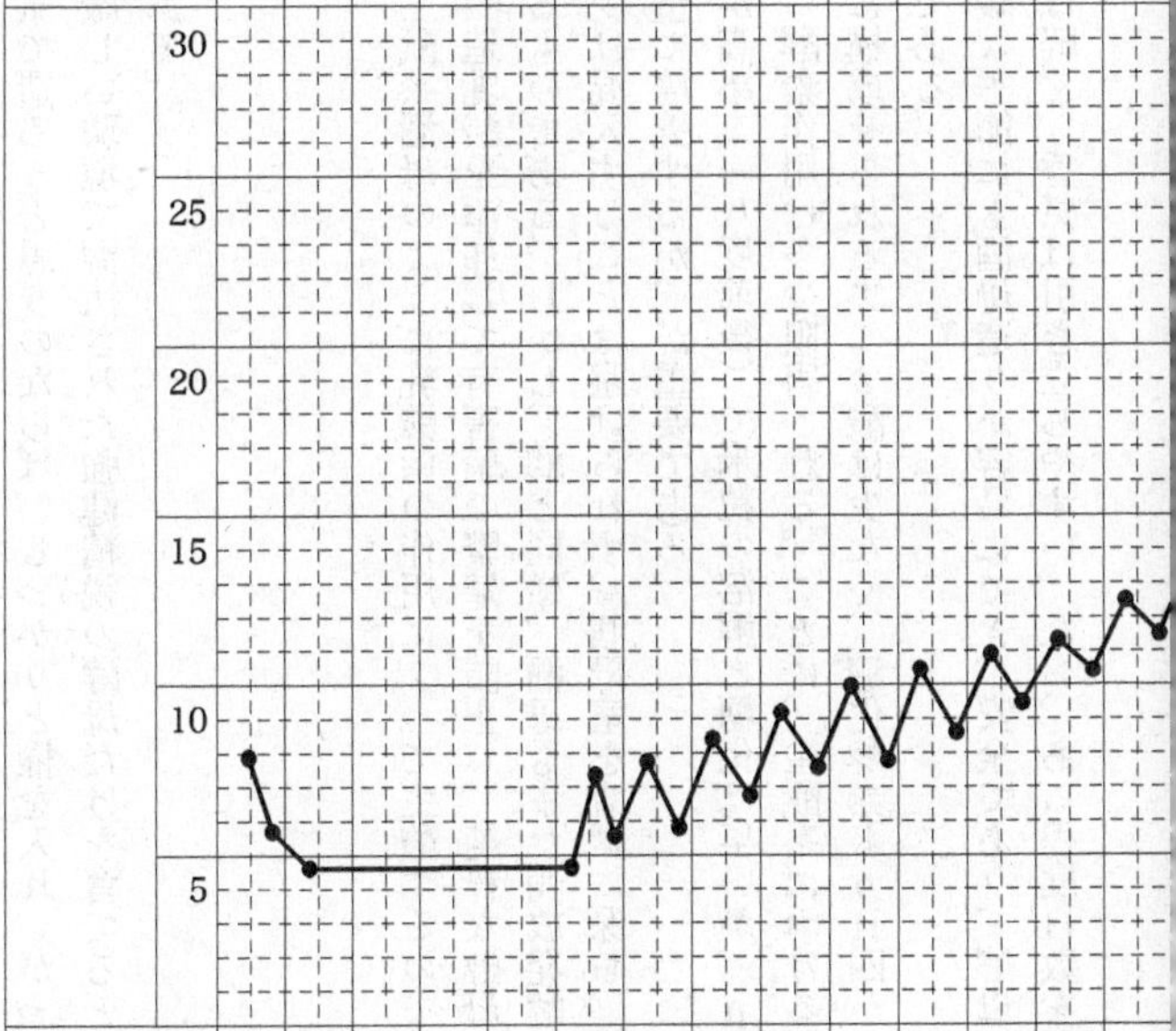

	1	2	3	4	5	6	7	8	9	10	11	12	13	14
ボーメ						12.0		13.5			14.7		15.8	
アルコール分														
酸　度						0.2		0.3			1.3		3.7	
直　糖						17.5		21.0			24.0		24.5	
アミノ酸度						0.6		1.3			3.8		4.3	
pH						6.5		5.0			4.4		3.8	
亜硝酸(ppm)						0.2		7.7			2.6	1.0	0.2	

い山廃酛を本気で造ろうと思うのならば、しっかりと櫂を入れ、がっちりと暖気を効かせて糊を切り、厳しい環境で淘汰された強健精鋭の酵母だけを育てるところにこそ、その妙味があるのである。

速醸酛

速醸酛は、生酛系酒母のように乳酸菌の作用によって生酸するのではなく、仕込み当初、水麹のときに醸造乳酸を添加して有害菌の繁殖を防止し、純粋な酵母だけを比較的短期間に培養して造るものである。しかし、醪と同様、酒母もまた開放発酵であるため、野生酵母や雑菌が多少は混入することは避けられず、酒母室を清潔に保ち、純粋で強健な酵母だけをいかに多量に培養するか、が重要である。

仕込み温度が高め（一八度前後）で米粒の溶解と糖化は早いが、pHが三・五から三・八程度となり、酵素作用は多少阻害される。ことに、生酛系における打瀬期間の、中性から微酸性の間に構成せられるアミノ酸は少なく、糖化酵素もpH四から五の好適条件にはやや劣るものである。

しかし、温暖な季節にも酒母造りが容易にでき、安全であり、酵母以外の菌類の繁殖が少なく、風味は軽く、香気は引き立ちやすい。なお、ある程度日数をかけることにより味の濃さを補うことができ、作業の簡易さと技術の安易さから速醸酛は、最も広く普及している酒母である。

速醸酛は、酒造りのうちで最も困難とされていた酒母造りを安全かつ簡易に成し遂げることを目的として、明治四三年、醸造試験所において江田鎌治郎技師（新潟県東頸城《ひがしくびき》郡出身）によって考案された。

これは、最も原始的な酒母製造法である水酛（菩提酛《ぼだいもと》）のやり方を現代風に置き換えたもので、清酒醸造技術界第一の発明として江田氏の名前は永遠に記録されるであろう。

水酛とは、蒸米（飯《いい》）に少量の麹を混ぜ、それを袋に入れて水に漬け、時おり手で揉《も》みほぐしていると、液分は甘味を示すとともに乳酸を生成して酸味を帯びる。この「そやし」という酸水を仕込み水として、これに蒸米と麹とを加えて仕込むのが水酛であり、この酸水を乳酸で代用したのが速醸酛である。

育成日数は、明治末期には約一週間で造られていたが、これでは味不足なので次第に長期化し、昭和三〇年代には一四日から一八日くらいとなり、現在では一四日前後のものが多い。

「速醸酛に早湧きなし」という見解から、一時は一〇日から一二日くらいで造られていたが、早く湧き付かすと味不足になって酵母の栄養源が不足し、高泡中に硫化水素臭を発したり、枯らし中に早く泡が切れ、味の張りに乏しい酒母になりがちである。なお、乳酸には雑菌の繁殖を抑制する作用はあっても、生酛系における亜硝酸のように雑菌や不完全酵母類を淘汰する効果はないので、酒母室や器具類、仕込み水が汚染されていたりすると速醸酛でも酒母の汚染は発生するので注意を要する。

酛立て（仕込み）

酛立ての約二時間前に汲水し、所定量の乳酸を添加して十分攪拌し、麴を入れる。酵母は蒸米を投入する前に添加するのが望ましい。

水麴温度は一〇度から一二度として、仕込み温度を一八度から二〇度にするのが標準であるが、蒸米が軟らかくて過溶解になりやすい場合には、放冷機による品温降下だけでなく、蒸米を一、二時間、冷気に晒《さら》して放冷すると溶けすぎを防止できる。ただし、この場合は蒸米の温度が下がりがちのため、水麴の温度を高くして予定の仕込み温度になるよう留意する。

酛立ての際に蒸米をエア・シューターで送り、仕込み温度は出たとこ勝負という事例が増えているが、これでは蒸米と一緒に雑菌や埃《ほこり》まで壺代に送ってしまうので好ましくなく、担いで運ぶか、昇降機や台車を活用して運搬すべきである。

吟醸酒母の場合は仕込み温度が一六度（水麴も一六度）くらいでよく味が出るが、精米歩合六〇％程度の白米の場合は味乗りが遅れるから一八度（水麴一二度から一七度）くらいで仕込むべきである。蒸米温度と水麹温度との関係は次のとおりである。

蒸米温度＝（予定仕込み温度－《マイナス》水麹温度）×四＋《プラス》水麹温度

汲み掛け

仕込み当初に櫂入れを行なうことは、まだ蒸米が十分に吸水していないので支障はないが、数時間経って蒸米が水を吸い、表面が盛り上がった時点で荒櫂《あらがい》を入れると、蒸米がつぶれて糊状になるので、手混ぜ（両腕を壺代のなかに突っ込んで手で物料を混ぜる）を行なう者もいるが、大変な作業であり、腱鞘炎《けんしょう》などに侵される危険もある。これを解消するために現在では、ほとんどの場合に汲み掛け法が実施されている。

これは仕込み直後、壺代の中央部に、直径約三〇センチの木製または軽金属製の育成用の円筒を挿入し、筒のなかの物料を杓《しゃく》などを使って外部に掘り出し、さらに円筒のなかに溜まった液を杓を使って順次、外の物料の上に振りかけるもので、「櫂で潰《つぶ》すな、麹で溶かせ」という鹿又親《かのまたちかし》技師（宮城県出身。元東京局鑑定部長。第二代醸友会会長）の標語のように、液中に溶出した酵素を米粒に付着させて糖化を図るものである。

汲み掛け当初は液が白濁しているが、次第に透明な液となり、蒸米の上に液が溜まるようになったら汲み掛けを止めて育成器（円筒）を抜く。

精米歩合が七〇％程度だったころには汲み掛けに約一昼夜を要したが、六〇％程度の白米の場合は一二時間前後で十分のようであり、高精白な吟醸酒母の場合は米粒が水を吸いやすいので、汲み掛けを廃止する事例も今日では増えているが、私としては吟醸酒母においても、きちんと汲み掛けを実施するべきと考えている。

汲み掛け終了時の品温は一二度から一四度を目標とする。ボーメは一四程度、酸度は三程度で、酸味と甘味とが調和して鋭く感じないものがよい。速醸酛の糖分は酛立てから約四〇時間で最高に達し、それ以後は増加しない。

打瀬

汲み掛け（または手酛）終了時から初暖気までの期間であり、初暖気までに品温を七度以下にすることを目標とする。

速醸酛の打瀬には、生酛系における亜硝酸生成のような意義はなく、物料の均一化と品温の降下を目的として随時、櫂入れを行なう。

速醸酛は仕込み温度が高く、乳酸を使用する関係上、蒸米は液化しやすく、麹の良否や櫂の入れ方によって糊味を出しやすい性質があるので、櫂入れに際しては物料の上下を軽く攪拌する気持ちで、物料がつぶれてドロドロにならないように注意する。

前述した通り、速醸酛に使用する乳酸には、生酛系における亜硝酸のように不完全酵母類や雑菌類を淘汰してしまう効果はなく、それらの繁殖をある程度抑制する効果があるのみである。よって、速醸酛においても打瀬を励行し、微生物を冷たく厳しい環境に置き、それに耐えて生き残った酵母だけを逞しく育てるべきなのであるが、酵母数ばかりを重視して、酵母そのものの底力をないがしろにする風潮の下、打瀬は今日では軽視、もしくは無視されているのが実状である。

アルコール添加前提の時代には、もし醪の後半で発酵が鈍っても、もしくは停止しても、アルコール添加すれば酒になるという数字合わせの思想が支配的だったから、省力化という名目の手抜きが一緒になって水は低きに流れ、それが次第にまん延して、今日の「打瀬不要論」を形成したものである。

だが、純米酒の場合は事情を異にする。どんな低温の修羅場をくぐって育った酵母なのかが、醪の後半から末期、上槽《じょうそう》間近となって、低温の環境下での発酵力の強弱を左右する。そして打瀬の有無による酒質の優劣は、米が悪い不作の年ほど顕著であり、打瀬がない場合には酒質が弱く、火落ちする確率も高い。ゆえに、実際にやる、やらないは別にして、速醸酛全盛の今日においても、生酛系の造りに学ぶものはあまりにも多いと力説する理由は、正にここにあるのである。

暖気操作

暖気操作

速醸酛において暖気樽を使用する目的は、酒母に部分的に熱を与えて糖化や、その他の酵素作用を促進することで、これを繰り返して風味の構成を図るものである。

このため、一日昇温したものは、翌日までに温度を下げる鋸歯状の経過を採る。おおむね二度上げて一・五度下げるのが適当であるが、室温が低いのに品温の降下が緩慢な場合は、すでに酵母の繁殖が進み早湧きの危険性があるので注意しなければならない。また、室温が高くて品温の降下が不十分な場合には、冷温器に氷を入れて挿入するなどの適切な処置を採って、予定の品温まで降下させることが必要である。

また、温度が下がらないなどの理由で挿入時間を短くすることは、暖気の効果が少なく乏糖早湧きになるので、なるべく暖気の効きをよくして分解作用を適度に進めるべきである。その他、物料の状態に応じて暖気の操作には重要なことが多いので、生酛の項を参照されたい。

暖気の方法として、速醸酛では行火《あんか》法も広く普及している。これは、壷代を木片などの上に乗せて約三〇センチの高さに据え、その空間に電熱などを置いてタンクの底から加温する方法である。

タンクの底部が四五度から五〇度になった時点で櫂を入れ、新しい物料に熱を当てて暖気の効果を出すもので、暖気樽を運搬する労力が省け、菌学的には清潔であるなどの利点はある。

初暖気から膨れ誘導まで

初暖気は酛立てから四日目が望ましいが、急ぐ場合には三日目でもよい。ただし、いずれの場合にも打瀬をがっちり取ることが重要である。

暖気の目的は、ただ単に糖分を出すことだけではなく、いかにサバケよく糖分とアミノ酸の集積を図るかということで、日数をかけて低温で育成することに主眼を置くものである。

したがって、ただ単に昇温のみを図ると、酸が多いためもあって糊味になりがちで、ボーメはあっても糖分の少ない乏糖の状態で湧いてくると、力の弱い酒母となって香気も冴《さ》えず、危険である。

なお、酵母も大量にできてくるので、品温が一〇度以上になるとたちまち膨れの状態に達する関係上、速醸酛の場合にも早湧きという事態は起こり得るのである。

したがって、暖気は三、四本目くらいまでは一〇度以下で強く短く使い、サバケよく味を進めて酵母の繁殖を促しながら、糖化と旨味を完結させる方向に進める。暖気操作は前記のように、一日に二度上げて一・五度下げることを続け、五、六本目で一二、三度とし、おおむね八、九日目に膨れの兆候が現われるものがよい。

このように速醸酛は、ただ単に酵母が増殖して酒母として使えればよいというものではなく、がっちりとした慣れ味のある生酛系に近い姿に仕上げることがよい酒を造るための秘訣《ひけつ》である。

この姿をさらに進めたい場合には操作を幾分遅らせ、一〇日目か一一日目あたりに膨れが来るよう品温を加減する。膨れの目標成分はボーメが一五内外（吟醸酒母は一四・五以内）、糖分二五％から二六％、酸度は五から六、アミノ酸は三から四程度である。

すなわち、酵母の増殖を図りながら味の完結を図り、両者の態勢が整った時点で膨れになるよう導くべきで、そのためには暖気の操作による味の出し方や品温の導き方が重要である。

ただし、吟醸酒母の場合はいくぶん趣が異なり、やや若めの日数で育成したほうが好ましく、香りもよい。これは膨れの時点で味の完結を図るのではなく、高精白の場合には湧き付き中にも次第に味が構成されるので、分けの時点で酵母の増殖と味の完結とが完了する形を考えて、育成日数も約一三日とやや若く、かつ低温で育成するのが望ましい。

膨れから酛分けまで

「膨れ」

成分内容が充実して酵母が増殖してくると、品温一四度から一五度で「膨れ」となる。

このときは、酸味と渋味とが旨味と甘味のなかに隠れたサバケのよい味である。

速醸酛では膨れの状貌が強く現われないほうがよい。炭酸ガスの気泡を出す程度で、トロロ泡の状貌を呈するのがよく、膨れと湧き付きとは明瞭《めいりょう》には区分できないものである。高く膨れるほど育成操作が適正ではなく、糊が出ていることを示すものである。

膨れに至ったら、壺代を保温マットで巻いて品温を落とさないように注意し、温み取り暖気を入れて湧き付きに導く。

「湧き付き」

膨れの翌日には湧き付きとなる。膨れの際に糊味の多いものは、なるべく糊を切るよう、やや湧き付きを遅らせ気味とする。

湧き付き時のボーメは膨れ時よりも約一度下がり、品温は二度前後高くなる。泡の形は生酛系よりも幾分高目で、サバケよく爽快な香味を呈する。

早湧き型の酒母は泡が軽くて異常に高く、時には硫化水素臭を発することもあり、酵母にとっては栄養不足で良好でなく、弱性気味なので、酒母の育成方法と麹造りを再検討する必要がある。

止むを得ず使用する場合には早目の使用を心がけ、初添の水麹を前日から行なうなどして、糖化酵素の抽出に努める。

反対に、湧き遅れ型のものは泡が重くて低く、香気も冴えない。この場合も早目の使用を心がける。

「湧き付き休み」

酵母の発酵が旺盛となり、自力で温度を保ち続けるので暖気入れを休む。酒母の表面全体が本泡に覆われ、旺盛に繁殖、発酵を始めたことを確認したら、予定の最高温度に導いて十分に増殖させる。

最高温度は、精米歩合六〇％程度のものなら一八度から二〇度であるが、ボーメの切れが鈍い場合にはやや高めとする。吟醸酒母の場合には、一六度くらいでも順調に切れる。

最高温度は、酛立て時の品温とほぼ同程度となる。

休み中に品温が下がる場合があるが、これは湧き付き休みに導く時期が早すぎたためであり、暖気で加温して予定温度を保持せねばならない。経過が良好なものは品温が上昇する傾向にあるが、休み中と休みの前に品温が維持できないものは、醪を末期まで発酵させるための力が不足している場合が多い。

休み中の香気は酵母特有の芳香を有し、特に含み香が豊かなものが最高である。反対に、ドブ臭、湯香、甘臭などを感ずるものは育成操作が悪く、かつ細菌に汚染されているおそれがある。

8	9	10	11	12	13	14	15	16
暖気			休み		分け			使用
トロロ泡	膨れ	湧付	本泡				地泡	

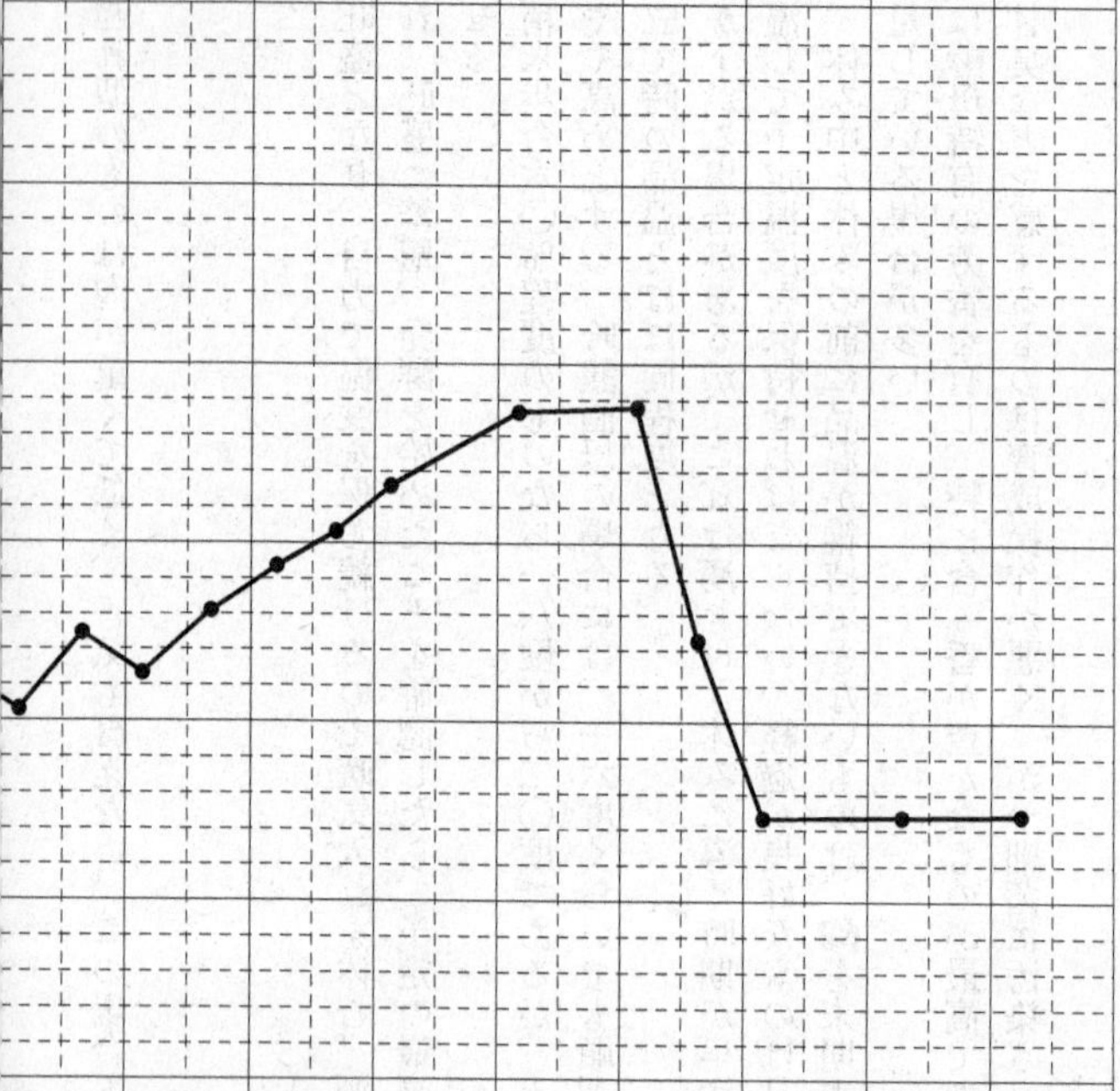

8	9	10	11	12	13	14	15	16
	14.5	13.5			10.0	7.8	6.0	5.5
					9.4			10.6
	3.5				5.5			5.6
	3.2							1.8

速醸酛の経過例

日順	1	2	3	4	5	6	7
月日							
操作	仕込	打瀬		初暖気	暖気	暖気	暖気
状ぼう	汲掛						

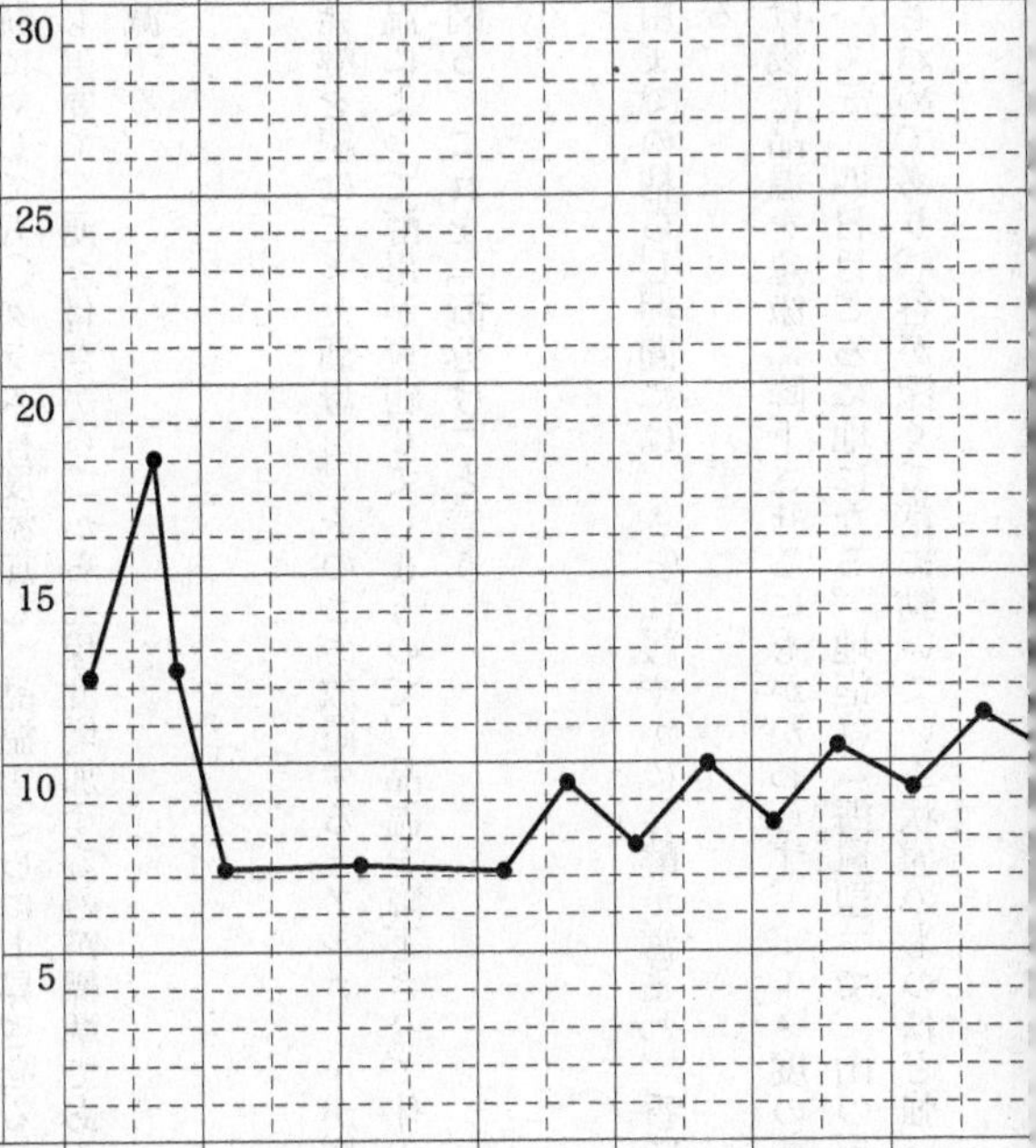

	1	2	3	4	5	6	7
ボーメ		12.5			14.0		
アルコール分							
酸度		3.0					
アミノ酸度							

ボーメの切れは、一昼夜に二内外切れるのが望ましい。切れの少ないものは発酵力が弱く、醪後半での切れが鈍くなる。特に切れが一以下のものは危険であるから、酸性燐《りん》酸カリウムを百キロ酛に対して五〇グラム程度添加し、品温をさらに上昇させる。

酸度の増え方も重要で、湧き付きから二から三程度増加するのが標準である。アミノ酸は〇・七程度漸減する。

酛分け

高温で増殖、発酵を続けてきた酒母を、そのまま放置するとアルコールが増加し、酸、アルコール、高温によって酵母が衰弱してしまうので、品温を降下させて休養を与え、かつ風味の調和を図る。これを「酛分け」と言う。

枯らし期間

酛分けから使用までの枯らし期間には、さらに緩やかに発酵が営まれ、香味の調和、調熟作用が進行する。

速醸酛は、分け後に品温を急激に降下させるにもかかわらず、ボーメ度の割に状貌が若く、泡が長く続いて三、四日目ころに地になる。地泡は「海鼠《なまこ》型」で、山の頂の部分は若めで谷の部分が老《ひ》ねめであり、谷が深くて常に動いている状態のものほど強い。味は生酛系と比較して淡白で、押し味は少なく、香気は良好である。

速醸酛の場合、枯らし期間の長短が、生酛系よりも醪の発酵状態を大きく左右し、さらには酒質に大きな影響を及ぼす。

通常は四、五日間が適当であり、一〇日以上になるようなものは酵母の衰弱が考えられるので避けるべきである。特に上澄み傾向にあるものは酵母が著しく衰弱しているので、使用を差し控える配慮が望ましい。また、枯らし期間が短いものは、ボーメの低い酒母であっても醪は前急式になり気味で、醪末期の食い切れが悪く、甘ダレた鈍重な酒になりがちである。

枯らし期間にボーメの切れがよい酒母は、総じて健全で発酵力が強く、休み中の切れと同様に酒母の強弱を判定する目安となる。分けから室温に降下するまではよく切れるが、それ以後は鈍くなる。一日の切れが一度以下のものは危険である。

使用時の成分目標は、おおむね次の通りである。

ボーメ	五・五から六
酸度	五から六
アルコール分	一〇から一一%
アミノ酸度	一・五から二・〇

高温糖化酛の経過例

日順	1	2	3	4	5	6	7	8	9
月日									
操作	仕込		湧付				分け		使用
状ぼう	冷却		泡						

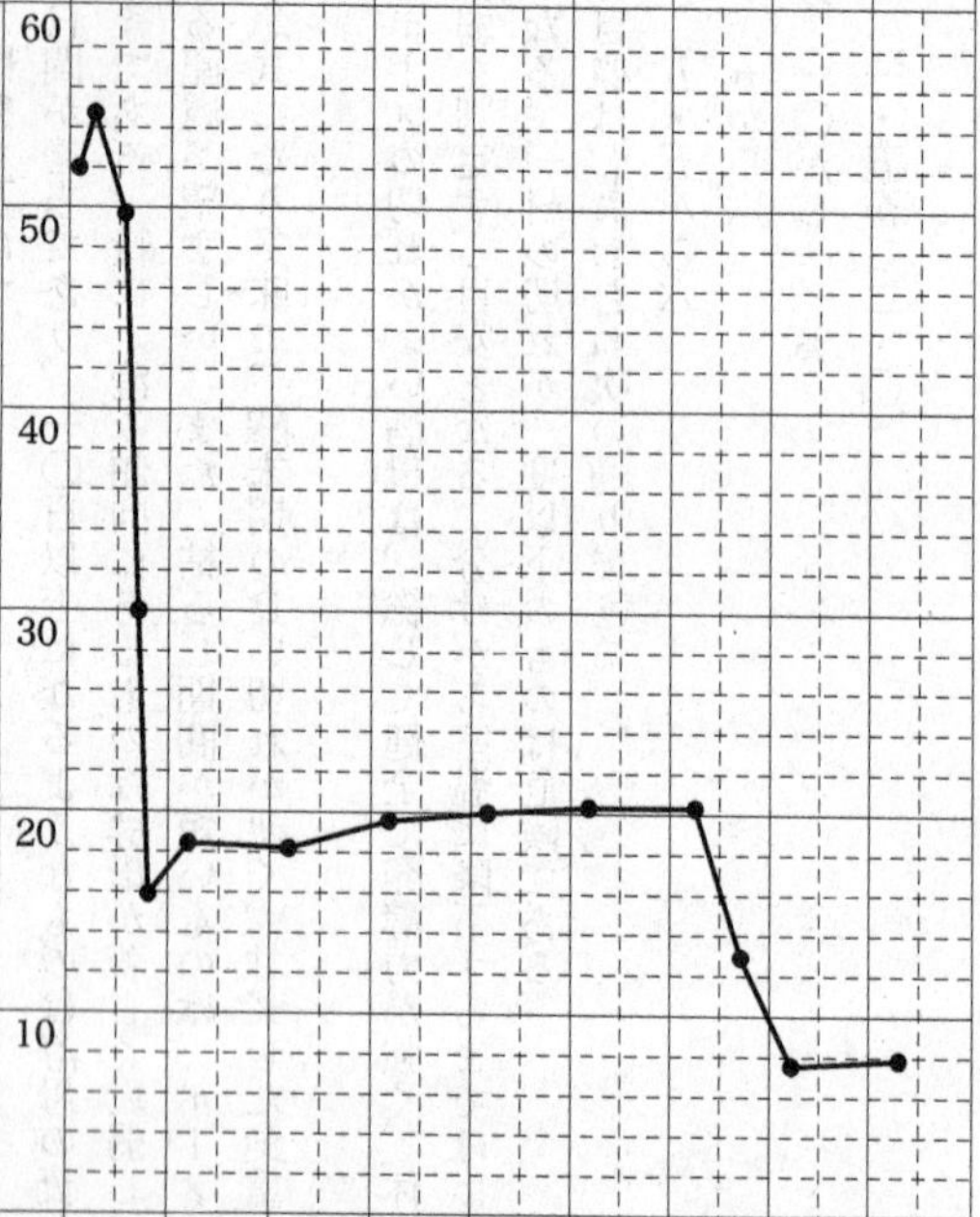

ボーメ	14.0	14.5	15.0	14.0	12.0	9.5	7.5	6.0	5.5
アルコール分							8.8		10.6
酸度	0.4	3.0	3.5	4.2			5.5		5.7
アミノ酸度	1.2	2.0		1.4			1.4		1.6

高温糖化酛

高温糖化酛は、酒母を糖化に最適な高温に仕込んで短時間に糖化を行ない、これに乳酸を添加して有害菌の混入を防ぎつつ、純粋酵母を添加して増殖を図る速醸系の酒母で、まともな酒母のうちでは最も短期間に育成できるものである。

まだ独立した空間としての酒母室を持つ酒造場が少なく、屋根裏部屋などの開けっ広げの場所で酛を立て、雑菌による酒母の汚染が懸念された昔、広島で考案された。

それは確かに、いかに純粋な酵母を大量に、かつ早く培養するかという点では有効な手段であり、温暖な瀬戸内沿岸や九州地方を中心として全国的に普及した。関東以北の地方では、酛なし仕込み（酵母仕込み）よりはまし、と考えて、造りの端緒の普通酒の仕込みにのみ高温糖化酛を採用している酒造場もあるようである。

酒母の変調

酒母の変調については主なものを要約すると次のようになる。

早湧き

早湧きとは、膨れ、湧き付きの際の内容が乏酸、乏糖であるのに酵母の増殖、発酵が始まっている状態を指し、日数の長短は問題ではなく、内容いかんである。

早湧きの兆候は、初暖気ないし二、三本目から現われるもので、酒母の表面がザラザラしていて米粒が盛り上がったように見えるもの、櫂入れや暖気廻しの際にブツブツと泡の出るものなどであるが、これらは仕込み温度が高く、仕込み後に品温が下がらず高温が続くとき、暖気による品温経過が鋸歯型にならないとき、麴の糖化力が不十分だったり、蒸米が硬すぎたときなどに発生する現象である。

早湧きの防止対策は、速醸酛の場合は熱湯ギリ暖気を用いる。

麴が不良で糖化力不足の場合は、百キロ酛に対しておおむね麴一〇キロから一五キロ程度を五リットルの水に浸漬して投入するか、あるいは酒母約二〇リットルを汲み出して、麴五キロから八キロを水五リットルに浸漬したものを入れて五〇度から五五度に数時間保って糖化し、その後に乳酸五〇〇ミリリットルを入れて酒母に混和する方法もある。

また、それらの方法以外に、今日では麴の代わりに糖化酵素剤を用いるのが一般化しており、作業の面では至って簡易ではあるが、酒質面を考慮すると好ましいこととは言えない。

生酛系の場合は、硝酸カリウムの利用もよい。

なお、湧き付き休み時に酸量が少ないときには予定酸量まで補酸し、ボーメ度の切れが鈍い場合には酸性燐酸カリウムでの加工を必要とする。

湧き遅れ

糖化、生酸が十分行なわれている状態なのに、酵母の発育が抑えられ、膨れ、湧き付きが遅れている状態である。香気は優れず、特有の湯香があり、また、酒母の表面が滑らかで鏡面《かがみづら》になる場合もあり、原因としては、添加した酵母が弱性（培養の失敗）であることが考えられる。

症状が軽微なものは温湯留暖気を利用し、しばらくの間、櫂入れは行なわない。

更に糖化、生酸が過多なものは、百キロ酛に対して温湯五リットル程度を加えて希釈し、同じ種類の酵母を使用した酒母を差し酛する。その量は百キロ酛に対して一、二リットルくらいで、湧き付き休み中の香味優良なものを用いる。

湧き遅れに関して、以前、こんな実例があった。

某酒造場で何本酒母を仕込んでも、どの酒母もさっぱり膨れに至らないのである。杜氏は、何か酵母に欠陥があるのではないかと言っていたが、調べてみても酵母に異常は見当たらず、これには私も頭を悩ませた。

よくよく現場で話を聞いてみると、杜氏が酛廻に「壺代を洗浄した後、次亜塩素酸ソーダで消毒をしておけ」と念入りな指示をしたまではよかったが、酛廻が次亜塩素酸ソーダを壺代に噴霧した後に水で清めず、そのまま酛を仕込んでしまったのが原因と判明した。

笑い話みたいだが、これは実際にあった話である。経験に乏しい素人同然の蔵人が増えている昨今、ちょっとした指示の手抜かりが事故を生む。技術は本来、盗んで覚えるべきものではあるが、それは現代社会にはもう通用しない論理であり、その善し悪しは別にして、真の専門家を育成するには、手取り足取り基礎から叩き込んで教えなければならない時代なのである。

第5章　生涯、一技術者——私が「純米酒」を教えた日々

私は大正一四年（一九二五年）、鳥取県八頭郡西郷村（現鳥取市）で生まれた。

旧西郷村は鳥取市街の約二〇キロ南に位置し、周囲を山で囲まれ、ほどなく日本海に注ぐ千代川が流れ、農業を基幹産業とする緑豊かな山村だ。

私の生家は、町の中心部から山あいに五キロほど入った小畑集落にある。幕末までは質屋を営んでおり、鳥取藩の武士から入質された古伊万里《こいまり》の器や狩野《かのう》派の絵師作の屏風《びょうぶ》、火縄銃などが現在でも土蔵のなかに眠っている。

これは、幕末から明治初期にかけて鳥取藩の財政が逼迫《ひっぱく》し、武士たちが世間体をはばかって城下での換金を避け、城下から少しばかり離れた山里の質屋を利用したものと思われる。

私が子どものころには、備前物などの銘刀も数多くあったが、戦時中に父が出征兵士に惜しみなく贈呈したので、現在ではわずか数振りを残すのみである。

生家は明治四年の建築で、間口が一〇間、奥行きが五間と広く、現在は私が鳥取市内に居住している関係で、時折り墓参のときなどに立ち寄って風を通すのみだが、その折り折りに、鮎釣りに戯れ、山に入って木の実や芝栗を拾い、竹馬をつくって友と過ごした往時が懐かしくしのばれる。美しい山川の自然に親しみ、四季の移ろいを肌で感じ、時には大自然の猛威に畏怖《いふ》して育ったことが、私に人並み以上に鋭敏な判断力や闘争心を与え、それが後日、酒造技術指導を職業とする上で大いに役立っていることを思うと、父母に、そして故郷にいまさらながらに感謝の念を禁じ得ないのである。

入局

昭和一九年（一九四四年）三月、私は旧制鳥取高等農林学校（現在の鳥取大学農学部）を卒業し、四月に広島財務局鑑定部に就職し、酒造技術者としての一歩を踏み出した。酒についての知識は皆無で、学校から「行ってくれ」と言われて広島に行き、入ってみて、そこで初めて酒を研究するところと知ったくらいだ。

当時の鑑定部長は小穴冨司雄氏だった。小穴氏は、秋田吟醸の開基となった人物である。彼は器用で能筆家で、酒造界にいまに伝わる『清酒醸造精義』などの著書がある。

入局した私の最初の仕事は、清酒と甘味剤（主に砂糖）の分析だった。当時の砂糖は主に軍納の貴重品であり、砂糖消費税を課せられていたため、三温糖、上白糖などの種類別に、その成分を分析していた。

太平洋戦争は、当時、すでに敗色濃厚で、制空権重視の時代へと移行していた。日本軍はパイロットの技能、戦闘機の開発力では優れていたが、近代戦での索敵行動には不可欠な存在のレーダーの開発に関しては、圧倒的に米英の後塵《こうじん》を拝していた。

フィリピンの島で接収した米軍機を調べたところ、高性能の電波探知機を装備しており、その振動板が「酒石酸」の結晶を薄くスライスして製造されたものであることがわかった。

このため日本軍も同様のレーダーの開発が急務となった。

そこで私はこの酒石酸の生成に取り組んだ。酒石酸を得るためには、まず葡萄酒を造り、そのなかに沈降性炭酸石灰を投入すると酒石酸石灰になる。その必要にかられて勅令で、各地の酒造家が慣れない生葡萄酒の製造を始めていた。つまり日本のワイン醸造は、従来少々はあったが、その主流は軍需物資としての酒石酸を得ることを主目的として始められたものである。この工程で生まれる副産物の生葡萄酒は、酸を中和して抜いてあるので間の抜けた味で、飲み物としてはうまいものではなかった。

そんなある日、私は上司の小穴部長から呼ばれ「三原の酒造家に行って、生葡萄酒製造の技術指導をせよ」と命じられた。私は葡萄酒には素人同然だったので、驚いたが、部長いわく「君も素人だが、相手は君以上に知らないのだから、行けば何とかなる」とのことで、半信半疑、私は広島県の三原へと向かった。行き先は安芸《あき》の銘醸家で、その蔵内に陸軍のトラックで、食用禁止となって供出された葡萄が一日に約七〇〇貫目（二・六トン強）、それに補糖のための赤砂糖（三温糖）が運び込まれた。それを圧搾して連日、木桶で生葡萄酒の醸造が行なわれていた。

私は日々、酒石酸の採取に明け暮れた。当時、食糧事情は悪化の一途をたどっていて、私は職務柄、葡萄だけは食べ放題だったが、かといって葡萄ばかり食べ続けるわけにもいかず、やはりひもじい思いをした。

召集令状

アルコールは爆薬の原料として、また代用燃料としても使われていたので、そのアルコール類の製造指導に従事する私には、召集令状は来ないものと確信していたが、昭和一九年九月、予期せぬ召集令状が届けられた。

大本営発表とは裏腹に、戦況は日増しに絶望的となっており、届いた赤紙を見て私は内心、死を覚悟したが、その後、持って生まれた強運で九死に一生を得、今日にいたっている。もし当時、軍隊に入らず、あのまま鑑定部に留《とど》まっていれば、他の同僚たちと同じく原爆で死亡していたとしても不思議ではなく、「人生の運不運は紙一重」と痛感するのである。

この年の九月、鳥取の陸軍歩兵第百連隊に入隊した。この連隊は精鋭の野戦部隊として名高く、私はその後、沖縄救援部隊に配属された。私は二・五の視力を買われて狙撃《そげき》手となり、鳥取砂丘で猛訓練に明け暮れた。訓練自体も厳しかったが、砂混じりの飯にはいささか閉口した。

やがて私たちの部隊にも、沖縄へ出動の期日が迫った。私は「海の藻屑と消えるのか。生きては還《かえ》れぬもの」と死を覚悟したが、門司《もじ》に移動して出港の前日、輸送船が米国の潜水艦の攻撃を受けて沈没してしまい、偶然にも沖縄行きは中止となった。

次に私は神奈川県小田原付近に移動し、第一二方面軍の一員となった。この部隊は、箱根と横浜の間を守備線とする東京防衛部隊である。

昭和二〇年八月一五日、私は敗戦の日を神奈川の平塚で迎え、われわれの部隊も武装解除となった。そして九月、三昼夜かかって故郷鳥取に帰り、原隊に復帰して解散命令を受け、米一斗と金二〇〇円を支給されて実家に戻り、私は家族との再会を心から祝った。

復職

復員の安堵《あんど》に浸る間もなく、一〇月中旬、私は広島へ向かった。車窓には、戦争があったのが嘘のように、山々の紅葉と、煙突が立ち並ぶ酒造りの街、西条の町並みが以前と変わらぬ姿を見せていた。

だが、かつて財務局のあった八丁堀界隈《かいわい》は原爆で廃墟《はいきょ》と化していた。その惨状に改めて敗戦の悔しさを感じながら、財務局の移転先である近郊の可部町（現在は広島市に編入）へ私は向かった。

この山間部の町までは、幸いにも戦争の直接的被害は及んでいなかった。風呂釜《ふろ》メーカーである大和重工の工場が青年学校になっており、そこが局の仮庁舎になっていた。

木造の庁舎には、見知った顔は少なかった。かつての同僚たちの多くは戦死、あるいは原爆の犠牲となり、皆目消息のつかめない者もいた。

寮での生活が始まったが、当時の食糧事情は戦時中よりも悪く、白米の飯には滅多にお目にかかれなかった。雑炊があまりにも水っぽくて薄いので、どのような基準で調理しているものかと賄方に尋ねたところ、「雑炊の入った丼に割箸《ばし》を立て、それが五秒ばかり立っている濃さであれば可」ということであった。

これでは若い私たちは、とても空腹に耐えられない。かといって他に食料はなく、近くの酒造家に行って酒粕《かす》を譲ってもらい、その酒粕に砂糖をまぶして焼いて食べたものである。

あのころほど酒粕の美味を痛感したことはない。幸いにして仕事柄、酒は鑑定部の部屋に審査や分析の残酒などがいくらでもあったので、来る日も来る日も同僚たちと一緒に酒粕を肴《さかな》に酒を飲んで栄養を補給した。私は最盛期には一晩に二升くらい飲んだ記憶があるが、下戸の職員のなかには不幸にも栄養失調で入院してしまう人もいた。

有松先生と私

昭和二一年三月、有松嘉一先生が鑑定部長として着任した。

有松先生は岡山市の出身で、ブルドッグのような顔をしており、見た目には怖そうでも、技術者としての使命感と誇りを秘めた清廉潔白な人柄だった。ちなみに、先生の長女はピアノをたしなみ、次女の陽子さんは日本でも屈指のバイオリン奏者として名高く、その後、文部省（当時）の留学生として渡仏し、武蔵野音楽大学の教授ともなった才媛である。

家族全員がクラシック音楽に親しみ、私も暇を見つけては有松先生宅にお邪魔して、フルトベングラーやメンゲルベルク、そしてワルターや若き日のカラヤンのSPを蓄音器で聴かせていただいた。私がクラシック音楽を愛好するようになったのは有松先生の薫陶によるものである。


私たちは当時、有松先生を中心として「鑑会《かがみ》」なる飲み手の会を結成しており、各酒造場の初甑《はつこしき》や甑倒《こしきだお》しなどの宴席に招かれ、出かけていった。その有松先生は、寄贈酒は受けるな、つまり「いわれのないタダ酒は飲むな、酒は身銭を切って飲むものだ」という強い信念の持ち主で、出向く際にわれわれは、一人当たり一升の酒を持参した。


「タダ酒を安易に受けたのでは、心の鏡が曇って舌鋒《ぜっぽう》が鈍り、指導内容に的確さを欠く」。

有松先生の見識に、私たちは酒造に携わる技術者としての心構えを教わった。


また有松先生は若手に、酒造りをイロハから丁寧に教えてくれた。

出雲《いずも》の酒造場に、先生と私が巡回指導に行ったときの話だ。

それは寒い日で、蔵に着いた私たち二人は釜場を抜けて、検査室に直行した。

検査室で先生が私に言った。

「上原君。さっき釜場で、浸《か》し桶の水はどれくらい張ってあったか」

釜場を通りはしたものの、寒さに震えていたので浸し桶のなかなど見ていない。私はあわてて釜場に飛んでいき、浸漬米の最上部から約一尺五寸（四五センチメートル）水が浸し桶に張ってあることを確認し、そのことを検査室に帰って有松先生に報告した。

先生は「浸漬の水が一尺（約三〇センチ）では少ない。最低でもそれ以上なければならない。子どものころ、川に入って水浴びすると、川底の深いところに行くにしたがって身体にかかる水圧が大きくなっただろう。それと同じで、米も水圧によって吸水するから、水量が少ないと水圧が小さいので、米の芯まで吸水せず、米の外側だけが過吸水になる。そのような状態の米を蒸すと、米の外側の黒い部分だけが蒸せて、芯の部分が蒸せずに残ってしまう。そうすると麴の破精《はぜ》込みが弱く、糖化力の弱い麴になってしまう。また掛米も、外側の黒い部分が酒になり、芯の白い部分が酒粕になってしまうので、精米する意義が半減してしまう」

なるほどと思って聞いていると、また先生が私に質問した。

「その浸漬の水は澄んでいたか、潤んでいたか、濁っていたかね」

私は答えた。

「はい、澄んでいました」

先生曰《いわ》く、

「浸し桶の水が潤んでいたり、濁っているようでは洗米不足の証拠だ。米を手で掻《か》き回しても水が澄んでいるくらいでなければ、十分な洗米とは言えないんだよ」

その他、井戸の深さについては、浅井戸は生活排水などによる汚染が懸念されるので好ましくなく、標準が三〇尺（約九メートル）以上であること、精米所については「寒くてストーブを焚《た》いているくらいならよいが、室内が暖かいと米が乾燥してしまうので駄目だ」など、先生の指導は、各酒造場の杜氏《とうじ》に対しても、また私たち若手の技術者に対しても、実際の造りに直結した、徹底して実践論中心のものだった。

ことに先生は、「和釜の真裏に煙突がなければならない、和釜から煙突にいたる煙道がわずかばかり上り勾配《こうばい》でないと吸い込み不足で火力が弱い」「蒸しに煙突から出る煙が、薄い番茶のような色をしているくらい強火で蒸さないと蒸米が締まらない」など、常日ごろから原料処理を最重要視していた。

朝の蒸しの際には先生と私、そして杜氏さんや釜屋さんたちとで和釜の側に立ち、この若草の香りが消えないうちはまだ若いなどと、甑《こしき》から立ち昇る蒸気の香りを嗅《か》いで「蒸し上がりの刻《とき》」を判定した。

有松先生は、前任地の東京財務局時代には、茨城の「一人娘」や千葉の「岩の井」を手塩にかけて指導したそうである。

どちらも関東で名高い銘醸蔵であり、私たちもそこの酒を飲みながら、それらの蔵に先生が指導に行った際の話に聞き入ったものである。

「どんなに米が黒くても、燃料が不足していても、制約の範囲内で最良の酒を造ることが必ず酒造界の復興につながる。そして、将来はよい酒米を高精白して、立派な吟醸酒を造るのだ」と先生は力説していた。

先生は頼まれてもお世辞を言うような人ではなかったが、その毒舌のなかに酒に対する深い愛情があり、それゆえに、一筋縄ではいかない老練な杜氏たちも、有松先生の指導には熱心に耳を傾けた。そして私たち若手も、各酒造場での滞在指導を通じ、いずれも一家言ある杜氏たちと接し、技術指導者としての研鑽《けんさん》を重ねた。当時の滞在指導は現在とは異なり、ひとりが酒造期間中に約一五日ずつ、二、三の酒造場に長期滞在した。

私も毎年、山陽、山陰両地方の酒造場で滞在して指導した。津山管内の酒造家では酛《もと》分け後、一〇日経っても泡が落ちない強靭《きょうじん》な山卸廃止酛《やまおろしはいしもと》に驚き、西大寺管内の蔵では隻眼の名杜氏から薫陶を受け、岩国管内の酒蔵では、当時は誰も歯が立たなかった卓越した吟醸造りに感嘆したものである。

変調醪《もろみ》の救済

昭和二〇年代の初め、各地の酒造場では醪《もろみ》の変調、つまり仕込んだ醪が健全に発酵せず、最悪の場合には腐造にいたる事態が多発していた。

その第一の原因としては、当時はよい米に恵まれず、また低精白だったため麹菌が思いどおりに破精込まず、糖化力の弱い麹になっていたことがあげられる。

計画生産だった一級用の麹米ですら、一割五分搗《つ》き（精米歩合八五％）なら上等の部類だった。

私は滞在指導に行く際に有松先生に呼ばれ、「米が一割より黒い家は、できた酒質に指導の責任を問わず」と言われた。しかし、滞在指導に行くからには少しでもよい酒を造ろうと考え、破精込まぬ黒い米の切り返しに掌《てのひら》を真っ赤に腫《は》らし、どうすればよりよい酒が造れるものかと、杜氏や蔵人たちと時の経つのも忘れて語り明かした。

第二の原因として燃料があげられる。

当時、和釜の湯を沸かす燃料には石炭が使われていたが、筑豊《ちくほう》や夕張などの優良な産炭地も一部にはあったものの、当時の石炭は、泥炭や褐炭と区別がつかないような火力の弱いものが多く、結果として米が十分に蒸せなかったので、麹が破精込まずに糖化力が弱く、糖不足で糊《のり》だらけの醪となる場合が少なからずあった。

醪に変調が起こったとしても、何とか酒にしなければならないので、アルコールメーカーから八八％の原料アルコールをドラム缶で運ばせ、その濃度のままで木桶の上から醪に添加し、辛うじて最悪の事態を免れたものである。

それでも酒と名がつけば飛ぶように売れた。健全な発酵をした酒造家よりも、腐造寸前の危機に陥った酒造家のほうが、大量にアルコール添加して製成数量が増えた分だけ儲《もう》かったという笑えない話もある。

私たちは、変調醪の救済に青春の日々を費した。それは立派な酒を造る行為よりも、はるかに苛酷《かこく》で孤独な自分自身との闘いだ。そのなかから真の安全醸造とは何なのか、厳守すべき酒造の基本とは何なのかを私たちは身を以《も》って学んだ。

鑑定部（現在の鑑定官室）にしても、各都道府県の工業試験場などの研究機関にしても、いかに安全醸造を維持すべく業者を指導するかということが設立当初の趣旨で、鑑評会の審査などは本来は枝葉末節にすぎない。

現代の技術指導者諸氏のなかに、万が一の場合の有効な緊急避難策を熟知している人がはたしてどれだけいるのか、いささか心寒い気が私にはしてならない。

大量のアルコール添加でことなきを得るというのは最後の手段であり、そうなる前に、どの段階で、どうすれば救済可能なのかを知ることが重要だ。発酵が阻害された醪を前にして、最初から逃げ腰で、申しわけ程度に酵母を添加してみたとしても何の効果もあろうはずがないのである。醪へのアルコール添加は戦中、戦後の必要悪ではあったが、いつまでもアルコール添加に寄りかかった安易な思想が、「酒造の基本をないがしろにする風潮を生み、また技術指導者の質的低下をも招いた」と私は考える。

懐古 昭和二三酒造年度の大腐造

昭和二三年。この年は、初夏から秋にかけて全国的に気温が低く、日照時間不足のため米が大凶作に見舞われて反収が激減し、そして米質は極端に脆《もろ》かった。

「今年は（造りが）難しい年になりそうだ」

有松先生は私たちにそう話していた。一〇月になって酒造年度が改まり（当時の酒造年度は一〇月から翌年九月までの期間。現在は七月から翌年の六月まで）酒造期を迎えたが、私たちの予想をはるかに上回る醪の変調が全国各地、特に西日本の酒造場で大発生し、その救済に東奔西走を余儀なくされた。

米が極端に脆かった。胴割れどころではなく、よほど強い乾燥蒸気で蒸さないかぎり、蒸すとドロドロの糊状になってしまうのである。そして冷夏のお返しとばかりに暖冬の日々が続き、当時は醪の冷却設備などなきに等しかったので、醪の品温は上がりっ放しの状態になり、醪の高泡がいつまで経っても落ちず、アルコールは出ず、糖化だけが進んで最高ボーメ付近で発酵が停止してしまい、甘ダレした濃糖圧迫の醪となって酵母が死滅し、次第に酸敗臭が漂って、ついには腐造にいたるという事態が数多く生じたのだった。

私は山口県の大島郡（柳井《やない》市の南東に位置）へ腐造の救済に向かった。大島はミカンばかりを生産し、稲作は行なわれていない島である。

当時の大島郡には一一の酒造場があり、このうちで酒造を本業としているのは二場のみ、その他は漁師の網元などが片手間で、家内制手工業的に醪一、二本をわずかに造っている零細な業者ばかりだった。

その醪の大半が、発酵停止の状態に陥っているのだから始末が悪い。島の人々にとって酒は必需品であり、酒ができないという噂が広まって、島全体がゴースト・タウンのようになっている。おまけに、アルコールを買いに防府《ほうふ》まで渡ろうにも、島中探しても船の燃料がまったく手に入らないという。

ぐずぐずしていると手遅れになる。通常のアルコール添加量では間に合わないので、大量の原料用アルコールを醪に添加して救済すべく、なかなかつながらない電話で財務局に交渉し、本土のアルコールメーカーから原料用アルコールを購入する内々の許可を得た。

無論そのときのアルコール添加量は、当時の酒税法で定められた上限をはるかに上回る量である。随行していた税務官吏は「監督官庁が率先して、酒税法に違反して大丈夫でしょうか」と気を揉《も》んでいたが、そんなのんきなことを言っている場合ではなく、「俺が責任持つから、心配するな」と私は彼を説得した。

あのとき、私が建前ばかりを気にしていたら、それらの醪は確実に腐造していた。違法行為を推奨するわけではないが、私が言いたいのは自らの職責を全うすることこそが大切で、ことなかれ主義では技術指導者たる資格なし、ということである。

そうこうしているうちに、どうにか酒ができるらしいという噂が広がり、防府まで行く船を出してくれと再度依頼すると、先ほどまでは一滴もなかったはずの燃料が、今度はいくらでもあるから好きなだけ使ってくれと言う。これには呆《あき》れたが、本土に渡って原料用アルコールを調達し、それを島に持ち帰って醪に添加し、間一髪で上槽《じょうそう》してことなきを得た。

蔵元や島の人たちの喜びようといったらなかった。われながら技術者冥利《みょうり》に尽きたものである。帰りがけ、土産に貰ったコノワタ(ナマコの腸の塩漬け)が忘れられない美味だった。

昭和二三年の再来かと言われた平成五年にも同様に、各地の酒造家で醪の変調が発生した。そのときは、脆い米質を把握し、例年以上に強い乾燥蒸気で蒸米を締めて造りを行なった酒造場では順調に発酵が進み、立派な酒を造り得た。

だから、ここで私が力説したいのは、精米歩合や酵母の種類など枝葉末節のことばかりにとらわれず、その年ごとの米質を的確に把握し、それに見合った原料処理をしてよい蒸米を得ることこそが、本当の意味での安全醸造、ひいては優良酒造りの基本だということだ。

鑑定部の審査

二級酒といえども、あまりに低品質なのでは市場で通用しないので、徴税物資の清酒の品質を最低保証する意味で、二級酒の審査が昭和二〇年代終わりには各都道府県で行なわれた。鳥取や島根のように小さな県では年に一〇回くらい、広島のように大きな県では年に一五回くらい実施されていた。

その実施は各都道府県の研究機関に任されており、鑑定部からは随時、手分けして一名が出張した。

そのやり方は、各酒造場に出向き、立ち会いのもとで桶の呑口《のみくち》（栓）を切って酒を出し、何名かの審査員で三点法で唎《き》き酒して、全員の平均点が一定程度以下のものについては、「飲用不可」として封印してしまう。その後、濾過《ろか》や調合などの指導を受けて酒質を矯正し、次回以降の審査に合格しないかぎり、その桶の酒は出荷できない仕組みである。

いまから振り返るとずいぶん厳しい制度ではあったが、この審査は昭和三一年まで続いた。

飲めない酒では、結果として国の税収が減ってしまうので、その意味もあったが、それ以上に、それは監督官庁に在籍する私たちの、技術者としての良心によるものであったと思う。

どんなものでも酒と名がつけば、それだけで飛ぶように売れた時代ではあっても、「酒とは、かくあるべき、いくら何でもここから先は譲れない」という信念が私たちにはあった。

懐古 火落ち酒救済指導

疲弊した戦後社会のなかで、酒は疲れを癒す必需品だった。しかし、その酒質は、必ずしも優良とは言いにくく、がっちりした力強さを感じさせる酒は数少なく、弱い酒ほど貯蔵中に火落ち菌に汚染される確率が高いので、各地の酒造場では火落ち（雑菌に汚染されて変質すること）が多発しており、各地で火落ち酒の救済指導会が行なわれた。

先輩と二人で、火落ち酒救済会に行った折り、先輩は一点ずつ酒を唎き、即座に「これは一石当たり沈降性炭酸石灰を二〇匁《もんめ》、炭素を五〇匁」などと指示するので、どうして官能検査だけで、それを判定できるのだろうかと不思議に思ったものである。

現在ほど科学分析の技術が発達していなかったこともあるが、かつての技術者は必死になって酒を唎いた。それこそ命がけで、全身全霊をこめて酒を唎いた。科学万能の現代ではあるが、理論だけでは解明しえないものが嗜好品《しこう》の世界には存在する。酒は飲み物だから、その造りにしても、できあがった酒の判定にしても、あくまで官能を、つまり人間が本来持っている五感優先で判断すべきものであり、「科学的な裏づけは、あくまでその結果としてついてくるもの」なのだ。

係数だけで割り切れるほど酒は単純なものではなく、かつて唎き酒に命をかけた私としては、唎き酒を重視しなくなった現代の風潮を嘆く。

いざ鳥取へ

昭和二五年。この年の夏に味噌と醬油《しょうゆ》類の統制が廃止され、パンやうどんはすでに自由販売になっていた。年の瀬も押し迫り、会計課に行って代理で月給を受け取ってきてもらうべく、私は給仕の職員に印鑑を預けた。

ところが、その給仕氏が戻って来て、

「あなたの給料は、今月からないそうです」

たいがいのことには驚かない私も、これには泡を食った。あわてて会計課に飛んでいくと、課長は「あなたは先月付けで、鳥取工業試験場に異動になっている。だから今月分の給料は来月、鳥取に赴任してから支給されることになっている」と説明した。

何だか狐につままれたような話である。鳥取は私の故郷ではあるが、自ら転勤を希望したことは一度もない。それに国税局職員は国家公務員であり、その国家公務員の私が、鳥取税務署付きとはいえ、地方公務員として鳥取県に転勤するというのも変な話である。

事情を調べてみると、鳥取の米子《よなご》の酒造家が人材を鳥取県に派遣してもらうべく、有松部長に内々に相談し、それで私に白羽の矢が立ったというわけだった。

本人が知らぬ間に、国家公務員から地方公務員へと身分が変わり、これまた知らぬ間に職場も変わっていたのである。

だが朝令暮改は茶飯事の、何が起こっても不思議ではない時代だった。食うや食わずの戦後の混乱は、まだ色濃く尾を引いていた。あわただしく事務の引き継ぎを終え、同僚たちに心尽くしの送別会を開いてもらい、まだ門松も取れぬ新春、私は思い出深い広島を後にした。

そして昭和二六年一月、鳥取工業試験場醸造部の技師として赴任した。このころ、新米の職員はまたは技手補という役職から仕事を始めたものだったが、醸造部には味噌や醤油の担当者はいたが、酒の担当者がひとりもいなかったので、いきなり私は技手より一階級上の、技師に任命された。

当時は戦時中の国家総動員法による企業整備令で廃業したり、合併を余儀なくされた酒造場が、新たに酒造免許を取得して酒造を再開していた。第一次復活計画の後で、鳥取県内の酒造場数は三九、第二次復活計画の後には四二場となった。

酒母は当時、すでに山陽方面では速醸酛がかなり普及していたが、鳥取、島根の山陰両県では、まだ山卸廃止酛が多く、速醸酛はわずかばかりにすぎなかった。

県産酒と主産地、つまり灘《なだ》や伏見《ふしみ》の大手の酒とを飲み比べてみると、酒質は明らかに大手の酒が県産酒を凌駕《りょうが》していた。事実、県内では灘や伏見の酒が多く飲まれ、県産酒は安価な二級酒以外はまったくといってよいほど市場に出回っていなかった。

その差違は、と言えば、端的に言って県産酒は悪い意味での渋味があった。

この原因を調査した結果、主産地の酒造家ではすでに蒸米の放冷機を導入していたが、鳥取県内の酒造場にはまだ放冷機が一台もなく、すべての蒸米を路地放冷していたので、必要以上に蒸米が締まって醪の最高ボーメが出ず、普通酒としては栄養不足の醪となっていたためと判明した。また、全量が路地放冷では必然的にあまり大量の蒸米を蔵内で晒《さら》すことは作業的に難しいので、ひと仕込みの単位も小さくならざるを得ないわけである。

全体として当時の県産酒のレベルは低かったが、次第に技術革新と機械化が進み、酒質も少しずつ向上し、主産地に負けない優良酒が鳥取県内でも造られるようになった。

鳥取県清酒品評会始まる

昭和二七年、有名な鳥取大火があり、鳥取駅周辺から発生した火の手は、折りからの強風に煽《あお》られて瞬く間に燃え広がり、鳥取市の中心部は灰燼《かいじん》に帰した。

私は広島で行なわれる酒類審議会に出席する道中、鳥取から約三〇キロ南に位置するところで、岡山行きの急行バスを待っている際にこの大火の発生をラジオで知った。北の空が紅に染まり、電話はつながらず、やっとの思いでバスで鳥取に引き返し、その惨状を目の当たりにした。

過去に鳥取市は昭和一八年、大地震で壊滅的な被害を受けており、この大火は、敗戦のショックから立ち直ろうと懸命に生きていた市民を、再び失意の底に叩き落としたが、焼け野原となった市街地を見ながら、私は間一髪で原爆にも遭《あ》わず、米軍の空襲にもかすり傷一つ負わず、今回も被災を免れた自分の強運を身にしみて感じた。

鳥取大火の後、私の勤務する鳥取工業試験場は市内行徳の新庁舎に新築移転した。

当時は酒造期になると、どこの酒造家でも中庭に大小の木桶や半切桶、そして暖気樽《だき》などが居並んでいるのが印象的だった。

木桶に呑《のみ》（栓）を打って湯籠《ごも》りし、湯が冷めたら呑口を切ってぬるま湯を抜き、木目が浮き出るほどにササラで擦《こす》り、湯で清める。そして、それを何度も繰り返す。この湯籠りは容器の殺菌に欠かせない大切な作業であり、酒造期の風物詩でもあったが、当時の石炭は火力が弱く、なかなか湯が沸騰しなかったので、どこの酒造場でも大変な苦労をしていたものである。

当時の酒造りは三倍増醸酒が主体ではあったが、食糧事情は少しずつ好転する兆しを見せ始め、酒造米の供給も安定化に向かい、「よい酒を造ろう」とする気運が業界内に次第に高まっていた。

隣県の島根県には東部に出雲杜氏組合、西部に石見《いわみ》杜氏組合があり、それぞれが毎春、独自に自醸酒品評会を開催していた。

また、東隣の兵庫県や京都府には但馬《たじま》杜氏組合と丹波杜氏組合、そして小規模ながら南但杜氏組合と城崎《きのさき》杜氏組合があり、それぞれが独自に、あるいは共同して自醸酒品評会や、町村単位の研究会を活発に行なっていた。

私は考えた。競い合う場があってこそ、互いの酒造技術の向上が図られる。そして、それを酒造業界だけのものに留めず、その結果を広く一般に公表すれば、一般消費者に対して地場産業たる県産酒の、優秀さを宣伝する格好の場となり得るのではないか、と。

私は県の担当者や各税務署長、鳥取、倉吉《くらよし》、米子の各酒造工業協同組合の役員連や主な杜氏と話し合いを重ね、ようやく昭和二八年から、鳥取県酒造組合連合会の主催による鳥取県清酒品評会開催が実現した。

会場には工業試験場の会議室があてられた。審査長には広島局の有松嘉一鑑定官室長を招いて審査が行なわれ、記念すべき第一回の首席には、境港市の「千代むすび」が選ばれた。

当時の出品酒の原料米には、主として雄町（岡山）が使われ、それが高価で入手できない酒造場では山田錦（兵庫）も使われていた。精米歩合は当時としては破格の、約六〇％のものが多かった。出品酒用の米ともなれば、どこの酒造場でも旧式の精米機で、精米師が寝食を忘れる想いで念入りに米を搗《つ》いたものである。

当時の雄町は大変に高価ではあったが、それだけの値打ちがあった。

栽培地を岡山県赤磐《あかいわ》郡の旧西軽部《にしかるべ》村（現赤磐市）に限定して有機栽培し、ハゼで天日干しするなど、篤農家が手塩にかけた米だった。

線状心白がまったく流れることなく、米の中心部にきちんと入り、見ていてほれぼれするような米だった。それと比較すれば現在の雄町は、私に言わせればまったくの別物である。

当時、審査結果をいくら宣伝に使っても構わないことになっており、千載一遇の機とばかりに首席を獲得した酒造家は新聞に大きな広告を出し、どこからか調達してきたトラックに横断幕や四斗樽、満開の桜の枝などで飾り立て、チンドン屋を雇って荷台に乗せ、鉦や太鼓で囃《はや》し立て、その成績を誇示して鳥取県全域を宣伝して歩いた。

この品評会は鳥取以外の倉吉、米子にも場所を移して毎年開催され、審査員には広島局の鑑定官諸氏の他、灘「大関」の技師、島根県や岡山県の技師など、当代名うての唎き手を招いて続けられた。

優勝旗がつくられ、団体賞も設けられ、回を重ねるたびに出品点数も増えて盛会となったが、昭和四〇年の第一三回で開催終了となった。昭和三〇年に約八万円を投じてつくられた優勝旗は、最後の年に首席となった東伯町の「鷹勇《たかいさみ》」の蔵で大切に保管されているはずである。

こうして県品評会は廃止されたが、昭和四一年からは「鳥取県新酒鑑評会」と名称が変更になり、以前の品評会と同じく鳥取県酒造組合連合会が主催して、毎年三月に鳥取工業試験場（現在は産業技術センター）で行なわれている。

■品評会と鑑評会の違い

「品評会」は、文字どおり出品者がしのぎを削り、その雌雄を決するコンテストであり、春に造られた新酒が土用を越して熟成し、一人前の味になる秋に行なわれるのが本来の姿である。

それに対して「鑑評会」は、造り手同士、あるいは造り手と技術指導者が意見を交換し、造りと酒質の因果関係などを調査し、酒造技術の向上を図るために行なう研究会的な性格のものであり、これは本来、春に行なわれる。

ところが現在では、この二つが混同されてしまい、春の鑑評会から技術研究の要素が失われ、ただのコンテストと化している。

そして春先の、うわべの味のよさばかりを重視して、主として春の全国新酒鑑評会に照準を絞った造りを蔵元や杜氏たちが目指すので、清酒本来の爽《さわ》やかさや、新酒時には渋くて硬くても、熟成するにつれて旨味《うまみ》を増す力強さが失われ、春先にはマアマアでも、秋以降にはダレてしまって飲む気がしなくなる、ひ弱な酒が多くなっている。

無論、これは時期だけでなく、唎き手（審査員）の質的水準にも大いに問題があるが、私が若かったころのように、唎き酒に命をかけた名うての唎き手ばかりを集めるのは現実には無理だから（存在しないものは集めようがない）、唎き手のレベルは多少お粗末でも、春よりは秋のほうが酒質の判定をしやすいのだから、秋に審査するのが本来は望ましい。

審査が行なわれる五月ともなると、会場となる東京地方は暖かく、日によっては汗ばむ陽気になることもあり、おまけに出品酒を室温で放置しておくものだから、生酒だと過熟気味になりかねないので、現在の全国新酒鑑評会の出品酒に生酒は少なく、火当て済みの酒や、生酒に火当て済みの酒をブレンドした酒が大多数を占めている。

厳密に言えば「新酒」とは、火当てをしていない生酒を意味する言葉であって、一度でも火当てをした酒は新酒とは言わず、(熟成の進み具合は別として)「熟成酒」と呼ぶのが正しい。

その意味で、現在の全国新酒鑑評会は〝看板に偽りあり〟であり、全国清酒鑑評会、あるいは全国熟成酒鑑評会と改称するべきである。

味切れのよい鳥取酒を

私は鳥取県で昔から一貫して、甘くて重い味を大量の炭素で削った大手の酒とは正反対の酒を造ることを技術指導の根幹とした。

そのためには、良質の石炭を探して、火力を上げて蒸米を締め、麴室《こうじむろ》の乾湿差を従来よりも大きく取って麴を締め、添加用のアルコールも良質のものを選んで、新酒時には渋くても、熟成に重点を置いた味切れのよい酒を目指した。

そして若いころから現在にいたるまで、県鑑評会や市販酒研究会のデータを集計し、その年度や酒造場ごとの造りと酒質の傾向を調査している。

一年や二年ではデータにバラつきがあるので客観性は期待できないが、何十年も続けているとそこに自《おのず》から客観性が生ずるものであり、それが指導する際の資料として役立っている。

それから私は何十年間も、新聞の天気概況欄を毎日欠かさず切り抜き、鳥取及び全国主要都市の気温、湿度、気圧、天候を手帳に記録している。

このデータを気長に集めることによって、その年の米の作柄をいち早く把握し、その米に見合った原料処理を検討するための資料としている。

名杜氏たち

東海道新幹線が開通し、東京オリンピックが行なわれた昭和三九年、私は化学科の科長に就任した。その後、役所の機構が変わるたびに、酒類科は化学科に編入されたり、また独立したりと変遷し、いくどか名称は変わったものの、無論、私の仕事の内容に何ら変わりはなかった。

昭和四〇年代に入り、酒造機械メーカーが毎年、静岡県の熱海《あたみ》温泉で「銘人会」なる研究会を催しており、私も県内の杜氏有志とともに出席した。

吟醸造りで名高い宮城「浦霞《うらかすみ》」の平野佐五郎氏（南部）を顧問として、全国各地から、富山「立山」山岸誠一（越後《えちご》）、石川「菊姫」農口尚彦《のぐちなおひこ》（能登《のと》）、広島「誠鏡」中上節磨（広島）、島根「石陽日本海」岡田二郎（但馬）、山口「五橋」久次義夫（熊毛）など、当時を代表する杜氏たちが顔を揃えていた。

研究会では毎回、話題は麹造りのみに留まらず、酒造り全般に及び、夜の懇親会まで白熱の討議が続いた。

私も数回、鳥取県の酒造りの現状について講演したが、この他流試合にも似た会合は、ややもすれば井のなかの蛙《かわず》になりがちな私たちにとって、他の地方のレベルの高い情報を得る上で絶好の機会だった。

そのなかでも岡田一郎氏（但馬杜氏組合長）とは、鳥取と島根の垣根を越えて、彼が亡くなる昭和五九年まで親交が続いた。そして、あまり飲めないと言いつつも、二人だけのときは酒量も私と対等に渡り合い、人物の大きさを感じさせる楽しい酒だった。そして、まだ吟醸酒が、鑑評会用の出品酒としての性格しか持っていなかった当時、営業のトラックに同乗し、島根県一円の取引先に吟醸酒を売り込んで歩いたり、和釜の原理を応用したOH式二重甑を考案するなど、独創性に富んだ人だった。但馬杜氏組合の夏期講習会や、秋の出陣式には私も講師として招かれ、事前に内容を打ち合わせしてから、彼と丁々発止の質疑応答を繰り返し、夜は湯村温泉の宿で、痛飲しつつ技術論を闘わせたのが忘れられない想い出である。

「酒も煙草も女もやめて、百まで生きたバカがいる」という川柳があるが、岡田氏は、彼自身の信条を貫き通して生きた。そして杜氏の世界の雨傘のような、男として、技術者としての誇りに満ちた人だった。

それにしても、あのころは何と豪傑が揃っていたものか。戦争が終わって時代が変わり、教育が変わり、世の中そのものが変わってしまったから、あのころ、一堂に会して、時の経つのも忘れて語り明かした彼らのような、いつまでも記憶に残る、魅力に溢《あふ》れた杜氏はもう出ないと思うのである。

「純米酒」への取り組み

昭和一二年から、食管制度による清酒の生産統制が実施され、この統制は昭和四四年まで続いたが、この間は各酒造場に対して、昭和一二年度の酒造実績に応じて基準指数、つまり一種の造石権利高が割り当てられ、基準指数割、均等割、移出数量割、特別加配、希望加配など種々の要素を加味して、各酒造家に割り当てられる原料米の量が決定されていた。

戦後、主産地の大手蔵は、圧倒的な宣伝力と販売力とで販路を拡大し、自社に割り当てられた米で造る酒だけでは需要を賄い切れず、地方の中小蔵から未納税取引、つまり「桶売り」で移入した酒を自社の酒と調合して出荷して、その地位を揺るぎないものとした。

それに対して地方の中小の酒造家は、昭和二九年ころから、神武景気後の経済の沈滞（鍋底景気）による需要減と、県外酒の流入増に次第に圧迫された。それは鳥取県とて例外ではなく、それに対して県内の多くの酒造家は、大手蔵への桶売りで苦況を乗り切ろうとした。

このように両者の思惑が一致した結果、鳥取県から県外への未納税移出量は、昭和三一年度には五〇石あまりであったものが、三二年度には四〇〇〇石、三三年度には五五〇〇石と急増した。造りさえすれば大手が買ってくれるので自分自身で販路を開拓する必要がなく、地方の酒造家にとっては努力しなくても何も考えなくても生活できる「わが世の春」だった。

しかし、これでは目先の利益は確保できても、鳥取県から灘や伏見に引き取られていった酒が、その相手先の酒や、同じく他地方から桶買いされた酒と調合されて、大手の銘柄となって再び鳥取県に流入し、地元の酒造家を圧迫するのである。

敵に塩を送っているようなものである。おまけに、「うちは〇〇（有名銘柄）に桶売りしている」と自慢する始末で、酒造家とは何とのんきな人種なのであろうか。それに、これでは大手蔵への隷属を意味し、地場産業としての誇りはないに等しい。

私は考えた。こんな製造業としての実態のない、泡か霞のような時代は、そう長くは続かない。遅かれ早かれ、米の統制は廃止され、誰もが好きなだけ酒を造れるようになるだろう。それに向けてすでに大手の蔵は、大幅な酒造の近代化に着手していた。

大手の量産体制が整えば未納税取引は終わり、それに対して、桶売りに依存している間に経営体力が落ちて、かつ旧態依然とした造りをしている中小の酒造家が、活路を失うのは目に見えている。事実、主産地から遠くて交通の便が悪い九州地方などでは、すでに桶売りを切られて、休造や廃業する酒造家が出始めていた。

このままでは自滅に等しい。本来は米不足解消のための緊急避難策だったアルコール添加や三倍増醸法が、そういつまでも続くとは私には思えなかった。

没個性の三倍増醸酒などではなく、地酒ならではの、特色ある酒が消費者から求められる時代がきっと来る。

水と米とで造るという日本酒の原点に立ち返り、その上に吟醸造りで培った高精白と低温発酵の技法を加えて造ってみたい。もちろんアルコール添加は行なわず、醪が自力で完全発酵する無添加の酒でありたい。原料米は、精米歩合は、蒸米は、麴は、酒母は、醪の経過は、……と、まだ飲んだことのない酒の姿を脳裏に思い浮かべながら、私は考え続けた。

アルコール無添加で米の旨味を引き出し、かつアルコール添加酒にも負けない、あるいはそれ以上にきれいな酒を造るには、いったいどうすればよいのか。正直言って五里霧中の状態が続いたが、すぐにはそれが市場で受け入れられなくとも、いまから少量ずつでも造り続けて、少しずつ改良を加えていくことが大切なのだと、私は自分自身に言い聞かせた。

その新しい酒の構想を、私は何人かの酒造家に持ちかけてみた。だが三倍増醸全盛の当時、彼らは一様に乗り気ではなく、「先生、そんなものを造っても、誰も買ってくれませんよ」と言うばかりだった。

だが、米子の「トップ水雷」稲田酒造場の稲田重美氏が私の計画に賛同し、小林隆正杜氏（出雲）の同調を得て、昭和四三年から、鳥取県内では戦後初のアルコール無添加の清酒、「純米酒」の醸造が始まった。

「純米酒」試行

麹米は玉栄、掛米は八反で、精米歩合は五〇％である。

私たちが鑑評会で喇く吟醸と同レベルの酒を、水と米だけで造ってみたい。そして、そこで得られたノウハウを他の酒にも還元させて、県産酒全体のレベルを高めたい。そんな気持ちが私のなかにあったので、精米歩合五〇％は譲れない線だった。

仕込みは八〇〇キログラムの半仕舞。大きい和釜に少なめに水を張り、強い乾燥蒸気で蒸米を締め、そして麹を締めて味を切る。

酒母は打瀬《うたせ》をしっかり取って、がっちり暖気《だき》を効かせ、分け後は品温を下げて自己消化を防ぐ。

醪は、踊《おどり》をしっかり踊らせ、蒸米を冷気に晒して、とことん締める。焦らず、ジリジリと品温を上げていき、玉泡が切れて地になったら、ゆっくりと品温を下げていく。

いつ上槽するか、小林杜氏と醪を喇く。

上槽のタイミングは、アルコール添加の吟醸酒ならば、ある程度、係数で判断ができるが、純米吟醸の場合は「ベロ勘」が頼りであり、日本酒度は結果にすぎない。甘味が消え、吟味《ぎんあじ》があるうちに搾る。それが吟醸を上槽するコツである。

その上槽したばかりの新酒を私は唎いた。

渋く、味に力強さがあった。吟味があり、涼しい含み香が味の奥底に沈んでいる。そして、アルコール添加では決して得られなかった味のふくらみは、私にも初体験のものだった。

この酒は予想どおり、高価なせいもあって、さっぱり売れなかった。しかし不幸中の幸いとでも言うべきか、時が経つにつれて次第に渋味が消え、蕾《つぼみ》が開くように味がふくらみ、秋上がり、燗《かん》上がりする冴《さ》えた味わいになった。

それから約二〇年後。この酒の一升瓶がわが家の押入に室温で眠っているのを発見したので、福岡巡回の際に持参したところ、うっすらと着色し、軽い熟成香はあったが、考えようによってはまだ若さを保ち、とても二〇年も経ったとは思えない、吟醸造りの「純米酒」ならではの醍醐《だいご》味《み》に、居合わせた一同で驚いたものである。

その後、従来のアルコール添加普通酒（糖類無添加）よりもアルコール添加量を減らした規格の、本醸造酒という名称の酒が市場に登場し始めた。そして微々たる量ではあったが、各地で「純米酒」も市販されるようになった。

したり顔の識者の間では、過渡期の酒としていったん本醸造酒が主流を占めるといわれたが、本醸造酒は所詮《しょせん》〝アルコール添加普通酒の親戚〟でしかなく、その味は、酒醪を完全発酵させた「純米酒」の爽やかさ、自然の旨味にはとうてい及ばない。値段が倍も違うのならいざ知らず、多少の価格差ならば、必ずや消費者はより旨く、そこに感動がある酒を求めるであろうから、「純米酒」こそが明日の日本酒のあるべき姿なのだと、そのことを私は改めて強く感じた。

そして昭和五〇年代の終わりごろには、鳥取県内の大半の酒造家で「純米酒」が造られるようになった。価格の制約の範囲内で、よい酒米を白く搗《つ》き、さらに米を五〇％以下に搗《つ》いた純米吟醸酒もいくつか造られ始め、県内外の市場での評価も日増しに高まった。そして、いつしか飲み手の間から〝山陰吟醸ゾーン〟なる言葉も生まれた。

ただし、よい「純米酒」を造るには条件がある。長い酒造りの歴史のなかで培われてきた伝統的な技術を順守し、その上に現代の高度な技術を駆使して、真に価値ある酒を造ることにこそ存在理由があるのであって、何も考えず、ただ単にアルコール添加しないというだけならば雑味だらけになって、むしろ普通酒にすら劣る。

往々にして同じように考えられがちだが、アルコール添加酒とは造りそのものが違うから、つけ焼刃ではよい「純米酒」は造れない。その意味で、早い時期から高精白の純米造りに取り組んで正解だったと、他県よりも低い鳥取県の酒造家の廃業率を見て、そう私は痛感するのである。

■造りは別物だ

歴史的に見て、アルコール添加や三倍増醸法が日本酒滅亡の危機を救ったのは事実である。それらを抜きにして当時の日本には、他に酒を造る手段はあり得なかった。ゆえに、それをやみくもに非難するのは、当時の社会事情を知らない門外漢の、的外れな空論としても、あくまで必要悪として始まったアルコール添加と三倍増醸法が、戦後半世紀以上すぎ、米が余っている現代でも恒常的に行なわれていることは大いに議論の余地がある。

日本酒は元来、水と米で造る酒である。ところが、アルコール添加を前提とした造りが戦後に定着したことによって、「多少造りに失敗しても、最悪の場合は腐造しかけても、アルコール添加さえすれば酒にはなる」という気の緩みが、味を無視して机上の利益率にしがみつく思想と相俟《あいま》って、技術的な向上心の欠落につながり、それが日本酒の自己崩壊を招く最大の要因となっていると懸念する。

なお、昔行なわれていた柱焼酎《しょうちゅう》を引き合いに出して、アルコール添加を正当化し、酒造りの伝統的な技法の一つだと論ずる向きがあるが、これは詭弁にすぎない。

家つき酵母による生酛《きもと》や山卸廃止酛が大半を占め、容器は木桶で、低精白の米を使い、分析技術も発達していなかった過ぎ去りし時代には、酒造りに腐造は悪い意味で身近な存在だった。

明治中期の文献を見ると、一酒造期に製造する見込み石数を決めるに当たって、仕込んだ醪のうち、一〇本に一本程度は腐造、または変調を来すことを前提として、酒造計画を立てていた様子がうかがえる。

仕込んだ醪のうちの何本かが腐造にいたり、また運よく腐造を回避できたとしても、それらの醪をやむなく蒸留して焼酎を採り、その焼酎をその他の格落ちの醪に柱焼酎として添加後に上槽したものである。

柱焼酎を施して上槽した酒は、真っ当に発酵した無添加の酒（現在でいう「純米酒」）よりも価格は安く、その分、蔵元の利益は減る。

一度腐造が発生すると、蔵内が腐造菌に汚染されるので、往々にして何年間か腐造が続き、最悪の場合は廃業を余儀なくされる。だから当時の蔵元や杜氏のうち、誰ひとりとして柱焼酎を前提として酒造りに臨んだ者はいないのであって、そのような時代的背景も知らずして、時代錯誤の屁《へ》理屈でアルコール添加を正当化しようとしても無理な話で、酒造りの基本は「純米酒」である。

現在、全国的に「純米酒」の製成数量が次第に増え、アルコール添加と三倍増醸法の比率は次第に減少しつつある。ならば、このままで状況が推移すれば、換言すれば、仮にアルコール添加が過去の遺物となりさえすれば、優良な「純米酒」が続々と製造され、日本酒の復興が成るのであろうか。答は断じて「否」である。〝アルコール添加しないのが「純米酒」〟という子ども騙《だま》しの論理が通用するほど話は単純ではない。

アルコール添加にはアルコール添加向きの造りがあり、「純米酒」には「純米酒」ならではの蒸米があり、麹があり、酒母があり、上槽にいたるまでの醪の操作がある。その意味で両者は似て非なるものであり、アルコール添加を前提とした技術で「純米酒」を造ったのでは、いつまで経っても優良な「純米酒」造りはおぼつかない。

私は戦中、戦後の苦難の時代から今日にいたる半世紀以上の歳月の間、そこで得た貴重な教訓を糧として、日本酒の王道となる造りとはいかなるものかという研究に心血を注いだ。

ならば、現代の消費者の要望を正面から受けて立つ、温故知新の心と技による「純米酒」造りとは、はたしていかなるものなのか、その具体的な技術論は前章で詳述した。

山陰吟発売

昭和五二年から、県内の蔵元有志が協同組合を結成し、吟醸酒の消費拡大を図るべく、「山陰吟」の共同銘柄で吟醸酒を発売していた。

原料米の品種には制約を設けなかったが、酒造好適米を五割以下に精白することを条件とし、昭和五三年の発売当初は四角いグリーンの四合瓶で八〇〇円、採算割れで取り止めとなった六一年には一〇〇〇円の小売価格だったと記憶する。

ただし、名前だけの吟醸では意味がない。組合内に品質管理委員会をつくり、その審査に合格したものだけを出荷し、その量は四合瓶で年間五万本。私も鳥取市内の料飲店を歩いて宣伝にこれ努めたが、各酒造場ごとに味の違いはあるものの、破格の安さも手伝って少なからず反響を呼んだ。

平成三年ころ、諏訪《すわ》酒造に行った際、事務所の机の下に「山陰吟」のグリーン瓶が転がっているのを発見し、懐かしかったので手に取ってみると、四合瓶の底に五勺《しゃく》ばかりわずかに酒が残っており、裏のラベルを見ると昭和五七年の瓶詰めだった。

清酒グラスに注いで飲んでみると、一〇年近くストーブの熱や蛍光灯の紫外線で痛めつけられたはずなのに、着色も老ね香《ひ》もなく、その味がまだ若さを保っていたのには正直言って驚いた。

その諏訪酒造を、昭和五七年ころ、ひとりの男が訪れた。名前は児玉久光。東京の池袋で地酒専門の甲州屋酒店を営む硬骨漢である。当時の「諏訪泉」は県外出荷には無縁だったが、たまたま児玉氏が「諏訪泉」大吟醸を友人を介して入手し、その味に一目惚《ぼ》れして彼はやってきた。

彼は蔵元と話し合い、まだ東京市場では誰も知る人のいない「諏訪泉」を、わが子を育てるにも似た気持ちで販売し、「諏訪泉」が、そして鳥取県内のいくつかの酒が東京市場に進出する原動力となった。

石油ショック以降の不景気のなかで地酒に開眼し、田舎に行って煙突を目当てに酒造家を訪れては酒を啣き、造り手の心と技を飲み手に伝えて歩く努力家だったという。

生前の児玉氏とは、私は遂《つい》に出会う機会がなかったが、地酒の胎動に貢献した先達の早逝を惜しむとともに、一度心ゆくまで酌み交わしてみたかった人物である。

生涯、一技術者

昭和六〇年。やがて私にも、定年退職の日がやってきた。

一般的な尺度で計れば、必ずしも私は優秀な公務員ではなかったかもしれないが、天に愧《は》じることなく技術者としての職責を全うしたと自負しており、鑑定部に入局してからの歳月を振り返れば感慨もひとしおだった。

考えてみると、昭和三九年に化学科の科長になって以来、辞めるときも科長だった。いくら技術職で、それより上の地位はないとはいうものの、二〇年以上ずっと科長だったということになる。

もっとも、退職したとはいうものの、今度は県の嘱託として工業試験場に通った。それが一年で終わると、今度は県の非常勤職員として勤務した。それが二年で終わったと思ったら、今度は鳥取県酒造組合連合会の技術顧問として、またまた試験場に出向する日々が続いた。

平成元年。やっと役所から解放され、連合会技術顧問の肩書だけが私に残った。

それからは孫たちと遊びながら、鮎釣りや古銭の蒐集《しゅうしゅう》など趣味三昧《ざんまい》の日々を送る目論見《もくろみ》だったのだが、相変わらず酒類審議会委員として広島に通い、鳥取県と島根県の技術アドバイザーも引き受けることになった。

それだけでは済まず、平成元年には民間の有志によって「純米酒」の審査会「ここに美酒《うまさけ》あり選考会」が発足し、その初代審査委員長に私は推されて就任した。

さらに翌平成二年には、よりよい「純米酒」造りを目指す各地の蔵元有志によって「蔵元交流会」が結成され、その常任顧問に私は推されて就任した。

それらの縁で広島、福岡、三重、福井、新潟、埼玉、山形、福島など各地の酒造家を指導のため訪れるようになり、日本酒サービス研究会（S・S・I）の最高技術顧問の肩書も与えられ、尾瀬あきら氏の漫画「夏子の酒」にも「上田久」なる名前で登場し、今日にいたるまで、東奔西走の日々を送っている。

私とて生身の人間である。鶴や亀ではなし、そういつまでも当てにされては困るのだが、私の技術者としての闘争心が衰えぬうちは、今後も一技術者として愛すべき酒造界に身を置き、そして一介の飲み手として、旨い酒を飲み続けたいと思っている。

第6章　醸は農なり——「純米酒」が業界を変える日

人材確保

多くの酒造家が、杜氏《とうじ》や蔵人の後継者不足を口にする。
酒造現場の高齢化は年ごとに進み、昔のように若い造り手の姿を見かけることはまれである。

昔は杜氏が、その子飼いの一団を編成して酒造家に赴任した。彼らの大半は、冬場の収入を得る手段として農山漁村からやってくるプロ集団で、杜氏は絶対的な権限を持ち、優れた杜氏のもとで働くことを無上の喜びとして、採用された蔵人たちは杜氏へのつけ届けを欠かさなかった。それが現在では、なかなか蔵人を編成するのが困難なので、「私と一緒に赴任してくれないか」と杜氏が手土産を持って、蔵人の家を頭を下げて歩いている場合もあり、それでも人が集まらず、杜氏がひとりだけで赴任して、あとは全員地元の人たちで賄うといったケースも増えている。

戦後、日本の伝統的な農業構造が崩壊し、それに伴って各地の杜氏集団も衰退の一途をたどった。高い技術力を持った職能集団が消え去るのは大変に残念ではあるが、今後の酒造りを各地の杜氏集団に期待するのは現実には無理な話である。

しかし、優れた酒を造ろうとするのであれば、古い杜氏たちの技術は捨てがたい。その彼らの労働力に期待できないのならば、彼らが現役でいるうちに、その技術を次の世代に伝える方策を酒造家自らが考えるしか他に道はない。

では、その次代を担うべき人材を確保する努力をしているかと問うと、多くの蔵元は、「何もしていない」と答える。職業安定所や求人雑誌、その他の方法で人を集めるという発想は、どうも彼らの頭のなかにはないようである。

かつて大半の酒造家は、地方の分限者、つまり地主などの特権階級だった。

その彼らが余り米による付加価値の高い商品開発の観点から酒造業を興し、各地の杜氏集団の出稼ぎによる寒造りが江戸期に定着して、酒造業の労使関係が確立した。

太平洋戦争後、ＧＨＱの農地解放によって旧特権階級は解体され、必然的に従来の農業構造が崩壊した。そしてよくも悪くも、「醸は農なり」、つまり酒造業は農業の延長線上に位置する産業だという基本線が崩れて、酒造業は急速に衰退の一途をたどった。

彼らはすでに特権階級ではあり得ず、地場産業の一経営者にすぎない。

経営者である以上、これが他の業種ならば、たとえば、パン屋の主人がパンについてまったく知らず、オートバイ屋の主人がオートバイについて何も知らないのでは商売が成立しないが、酒造業の場合は、「酒は杜氏が造って番頭が売り、私は何もしない人」という時代が長く続いたため、その上に「生まれたときから社長の息子、社長が辞めたら私が社長」という世襲制の弊害も加わって、ＧＨＱの農地解放から半世紀余りすぎたいまも、時代の推移を現実の問題として認識できない酒造家の精神構造は、戦前までと基本的に変わっていない。なかには、「全部、杜氏に任せとります」と、自らの職業に対する知識不足を語る人もいるから始末が悪く、これが酒造界の再生を阻む最大の障壁である。

労働環境を見ても、いまだに各地には、プライバシー皆無のタコ部屋同然の場所で寝起きして、びっくりするほど粗末な食事しか与えず、重くて冷たい煎餅《せんべい》布団で寝る、そんな劣悪な蔵が少なからず存在する。

人は石垣、人は城。「誰かが早朝から深夜まで、肉体と精神を酷使して働いてくれるからこそ、自分たちが生活できるのだ」ということを、多くの蔵元は肝に銘ずるべきである。すべての世界で必要なのは〝人材〟であり、「いかに工夫すれば人が集まるのか」の思考なくして酒造界の再生はあり得ない。

昔の職人は、先輩たちの仕事を見て、肌で感じて、〝盗む〟ものだったが、一部の例外を除けば、現代の没個性の管理教育を受けて育った若者たちに、そのがむしゃらさを要求するのは無理であり、いまは積極的に教えて指導し、根気よく人を育てなければならない時代なのである。

だが、人を育てようにも、自らに伝授すべき知識がないのでは話にならない。せいぜい精米歩合くらいしか自慢するものがないのでは世間から相手にされないから、基礎的な発酵のメカニズムや、自らが造りに参加するか否かは別として、実際の作業のやり方などを、蔵元自らが知識として身につけておかねばならない。

人材確保の重要さを論ずると、蔵元たちは人件費の高騰と、酒造期以外にどんな仕事を彼らに与えればよいのかと異口同音に逃げ腰になる。人件費の高騰は、たしかに切実な問題である。そして大半の酒造家は現在、赤字経営を強いられているという。

たしかに家内制手工業として、伝統の灯を守っている蔵元も多く存在する。だが、その一方で、実際の業務には何の関係もない身内や親戚を搔《か》き集め、役員の肩書を与えて給料を支給しているような例も少なからずあり、これで赤字にならなかったら嘘である。無駄な広告宣伝費や交際費、流通経費などを切り詰めれば経営の合理化は可能であり、その上で実際に働く人間を処遇するのが筋である。

醸は農なり

酒造りで良質な米は欠かせない。

そのためには「醸は農なり」の基本に立ち返って考えるのが最善の手段である。酒造家が、よい酒米を安定して確保したいと願うのならば、自らの酒造りの方向性を農家に説明し、それに相応《ふさわ》しい品種を選定し、栽培方法、作付面積と収穫量、買い取り価格などについて話し合い、互いの気持ちを確かめ合って契約栽培に踏み切るのが最善の選択である。

そうすることによって、農家のなかから、自分たちのつくった米が、どんな酒に生まれ変わるのか、酒造りとは、どんなものなのかと関心を持つ者が現われ、そのなかから次代の造り手たちが見つかるものである。

「純米酒」の場合は、水、米、環境、技術などの諸条件に何らかの欠陥があれば、その欠陥が味にモロに出てしまうのでごまかしがきかない。よい「純米酒」を造るためには、目指す酒質に見合ったよい酒米を確保することが先決である。食管法が廃止されたいま、農協や経済連任せでは、その確保は期待できないから、個々の酒造家が篤農家と話し合って、お互いの信頼のもとに契約栽培を行なうことが不可欠となる。

新技術への疑問

現在、三倍増醸酒の比率は以前と比べて大幅に減り、それを全廃する酒造家も増えつつある。そのなかには品質重視の、良心的な蔵元も数多く存在するが、三増全廃の美名のもとに、三倍増醸以上に机上の利益率を重視した、戦前までにはとうてい考えられなかった奇々怪々なる新技術が多く存在しているのもまた事実である。

そして吟醸造りでも、「吟醸とは、ごく少量を丹精込めて醸し、造り手の心と技を世に問う至高の酒」という命題を忘れ、つけ焼刃で鑑評会の審査員を、あるいは飲み手を欺こうとする悪しき技術が少なからず開発され、日本酒に対する消費者の不信を招く原因となっている。憂慮すべき事態である。

新技術を用いて、装置産業化した造りの酒は例外なく、春先にはそこそこでも、秋にはダレる。そしてとうてい、燗《かん》には耐えられないので、冷やして飲めとメーカーはさかんに広告する。「春先には荒々しくて渋くても、土用を越したころから次第にまろやかになり、秋上がり、燗上がりするのがよい酒の基本」だから、日本酒のオーソドックスに照らし合わせてみれば、これらの酒は、「歴史的な文化論も技術的な裏づけもなく、机上計算の利益率のみにしがみついた、断末魔の叫びにも似た邪道の造り」である。

これらの酒は、メーカーの目論見《もくろみ》どおりには売れていない。当たり前の話である。戦中戦後の物不足の時代ならばいざ知らず、誰の舌にもまずいものが売れるわけがない。

そして、今日までの普通酒の需要を支えてきた世代、換言すれば「酔いさえすれば、中身は何でも構わない」という不幸な世代は順番に人生の現役を引退していき、若年層は現在の日本酒に見向きもしないから、酒造家だけがどんなにあがいても、安さだけを訴求する酒には、もはや社会的な存在理由がない。

さらに、これまたコスト最優先の思想によって、諸外国で生産された酒が大量に輸入され、国産の酒と調合されて超低価格酒として市場に出回り、日本酒の無国籍化は進む。そして質的な信頼を失った市場のなかで、経営体力を失った者同士の狭いパイの食い合いは続き、乱売競争は一段と激しさを増して「悪酒は良酒を駆逐する」ことになる。

酒造りは登山に似ている。伝統的な技術の坂道を麓から頂に向かって登っていくのは一歩一歩だが、足を滑らせて谷底に転がり落ちるのは瞬く間のできごとであり、気がついたときには仏になっている。

日本の酒造りでは、何回も言うが、「一に蒸し、二に蒸し、三に蒸し」だ。「強い乾燥蒸気で米を蒸す」これが基本である。

だが、長い歴史のなかで培われ、先人たちの叡智《えいち》によって確立されてきた酒造りの基本が、アルコール添加が呼び水となって生まれた数々の屁《へ》理屈のなかでいま、まさに自己崩壊の危機に瀕《ひん》している。それを救う道は所詮《しょせん》はアルコール添加ではなく、そこから派生した飲み手不在の技術でもない。

それは強い乾燥蒸気で蒸米を締め、麹《こうじ》を締めて味を切る、本来の意味での淡麗さのなかに米の旨味《うまみ》を生かした、温故知新の「純米酒」以外には私には考えられない。

■新技術による酒　白糠《ぬか》糖化液、液化仕込み

精米の際に生じる白糠を薬品で糖化して、留添《とめ》に、あるいは四段掛として醪《もろみ》に加える。

要するに、糠がもったいないので、米を丸ごと原料として使って、コスト削減を図

ろうとするものである。

　醪へのアルコール添加量は白米の使用量に対して何リットルまでと規定されているのを楯《たて》に取り、白糠はもともと米だから、その白糠で造った糖化液を醪に添加する分、アルコール添加量も多くして製成酒の量を増やそうとする意図もある。

　この技法が開発された当初、良識派の技術者は一様に眉をひそめた。コスト・ダウン確実と喧伝《けんでん》されたものの、「白糠糖化液」を精製するイオン交換樹脂は、古いものを使い続けると悪臭発生の原因となり、そのランニング・コストを考えると机上計算どおりには儲《もう》からず、品質的には三倍増醸酒にすら劣るので目論見どおりには売れないのが実情なのだが、コスト削減を至上命題とする大手メーカーや、安酒専門メーカーの間に次第に普及した。

　ただし、この方法だと上槽《じょうそう》の際に多少の酒粕《かす》が生ずる。それがもったいないと思ったのか、もっと酒化率を上げようとする意図で米を蒸すのではなく、米を薬品で溶かす「液化仕込み」なるものが考案された。

　この方法だと、上槽時に粕が出ず（洋半紙様の薄い粕が出るが、粕としては使いものにならず、産業廃棄物として処分する）、米をフルに活用できるというのが謳《うた》い文句で、液化用の小型プラントも開発され、大手メーカーのみならず中小の酒造家のなかにもこれを採用する者が現われ、なかには普通酒のみならず吟醸を含むすべての酒を液化仕込みで造っているメーカーもある。

その他、米を高温の熱で処理し、蛋白質《たんぱく》を極端に変性させてペラペラの薄い酒を造り、原料米の質の悪さや米の黒さを見せかけの味の薄さでカバーしようとするものである。

四段仕込み全廃を

酒は嗜好品《しこう》だから、あくまで官能優先で造るべきものである。だが、官能を度外視した数字合わせの思想が広がると、酒は決定的に堕落する。日本酒衰退の原因はアルコール添加・三倍増醸と言われて久しいが、それ以上に四段仕込みが酒質を劣化させ、日本酒から爽《さわ》やかさ、力強さがなくなり、ひ弱な酒ばかりになって、消費者の日本酒離れを招いた元凶であると私は思う。

また三倍増醸を廃止した代わりに、四段仕込みで甘味を補う蔵も多い。どうにも石数の大小を問わず、四段なしでは夜も日も明けない状況ではあるが、そんなに四段が好きならば、吟醸にも四段を打ってみればいい。

こう言うと、大半の酒造家は懐疑的な態度を取るが、「吟醸に悪いものは普通酒にも悪い」のである。ただし、普通酒の場合、いきなり四段を廃止すると、仕上がりがかなり辛口となり、従来の味に慣れていた消費者の舌が拒否反応を起こすので、毎年少しずつ四段の比率を下げて日本酒度を徐々に切って出て、やがて全廃へ持っていくのが現実的な策である。

四段の比率が大きくなり、アルコールの添加量が増えれば増えるだけ、清酒と合成清酒との境めがあいまいになって、コストは下がっても、それに比例して飲み手の日本酒離れは進む。机上の空論に惑わされることなく、酒とは、あくまで三段で仕込み、醪を完全発酵させて、爽やかで腰のある力強さのなかに米本来の淡白な旨味が生きた「純米酒」造りを真剣に志向すべきである。

■「四段仕込み」

清酒の醪は通常、初添《そえ》、仲添《なか》、留添《とめ》の三段階に分けて仕込まれる（第3章参照）。だが、アルコールを添加する普通酒や本醸造酒の場合、そして「純米酒」にでもまれに、甘辛の調整手段として、酵素剤を使って糖化させた蒸米や、うるち米で造った甘酒を上槽前に醪に添加する「四段仕込み」が多く恒常的に行なわれている。

四段は元来、その昔、米が黒く、まだ低温発酵の技術が開発されていなかったころ、醪の発酵が急進して薄辛くなってしまった場合にのみ用いる、あくまで救済策にすぎなかった。だが現在では、アルコール添加と関連して、数字合わせの手段として四段を打つのが造りの前提となっている感がある。

たとえばアルコール添加普通酒の場合、仕上がりの日本酒度をプラス・マイナスゼロと仮定して、醪がマイナス10の段階でアルコール添加して日本酒度をゼロとしたのでは、未熟醪にアルコール添加することになって「ツワリ香」などの原因となるので、醪がマイナス2程度まで発酵した段階でアルコールを加えて、プラス8程度となり、そのままでは辛すぎるのでさらに甘酒四段を打ち込んで、日本酒度をゼロ付近まで戻した段階で上槽するという理屈である。

蒸米を糖化して甘酒を造る際に、ほとんどの場合、麹は使わず糖化酵素を用いるが、この薬品は麹とは異なり、米のなかの限られた成分にしか作用しないので、できた甘酒のなかに未分解の成分が多く、それを醪に打ち込んで上槽するので、考えようによっては未熟醪にアルコール添加するよりも劣り、それが「四段臭」と呼ばれる異臭発生の原因ともなって、春先のうわべの味はよくても、秋にはダレてしまう弱い酒質になりがちで、総米に対して四段の比率が高いほど、この傾向が顕著である。

そして醪へのアルコール添加の上限量は総米量に対して決められているので、四段は米だから、四段を打てばアルコール添加量を増やせ、その分、製成数量が多くなるというケチな考えも、四段がいっこうになくならない理由の一つである。

この甘酒四段の他にも、四段にはいろいろな種類がある。

大型仕込みの欠陥

吟醸酒の仕込みが昨今、次第に大型化しつつある。

昭和六〇年ころまでは、精米歩合五〇％でひと仕込みの総米が八〇〇キログラム、四〇％で六〇〇キログラム程度が上限だったが、このごろでは五〇％で一・五トン、四〇％から三五％でも一トン程度のものが多くなり、また、仕込み本数も増える傾向にある。

これは主に、吟醸酒の出荷量が増えたことに起因するが、大型仕込みに共通した問題点として、次の事柄があげられる。
①総米量が増えると、必然的に一日の処理量が増える。
その全部を手洗いするのは困難だから、麹米だけ手洗いして、残りの掛米は洗米輸送で処理せざるを得なくなり、洗米不十分となって高精白する価値が半減し、限定吸水するのが困難なので、よい蒸米を得られにくくなる。
②料理をつくる場合、一人前の料理をつくるのに塩一グラムがちょうどよい塩梅《あんばい》として、同じ料理を一〇〇人前つくる場合、単純計算して塩を一〇〇グラム使ったとすると、塩辛

くて、とても食べられなくなってしまう。

醪の仕込みも、それと似通ったところがあり、同じ仕込配合の比率ではあっても、小仕込みと大型仕込みとでは酵母の絶対数が違うので、まったく異なった発酵状態となる。

大型仕込みの場合、どうしても品温が上昇しがちになり、それを冷却装置で強引に抑えるので、小仕込みの場合と品温経過は同じでも、どことなく窮屈な発酵状態となり、とかく味に充実感がない、どこか間の抜けた（間延びした）酒質となりがちである。

これでは、せっかく米を高精白するだけの価値がない。そうかと言って、すべての吟醸醪を以前のように小仕込みとするわけにはいかないので、品質と経済性の妥協点を探ってみると、五〇％で一・三トン、四〇％以下で八〇〇キログラム程度が上限ではないかと私は思う。高精白イコール吟醸ではない。蔵元たちの大多数は、自分では造りに参加しないから、米を白く搗《つ》いておきさえすれば、右から左に自動的に吟醸酒ができるとでも思っている人が多いが、精白は一つの条件にすぎず、それに見合った環境、設備、人員などを整えて丁寧な造りをしてこそ、初めて風格ある吟醸酒が誕生する。

蒸米を放冷機に通しただけで路地放冷を行なわず、そのままエア・シューターで仕込みタンクに送り、ろくに品質管理をせず、はなはだしきは最高温度を一五度と、普通酒と変わらぬ温度経過としているような例があるが、これでは最初から吟醸造りを放棄しているに等しい。

五〇%と言えば、十数年前なら立派な大吟醸である。工夫して蒸米を締めて、熱掛けにならぬように留添《とめ》を打ち、最高温度は最大でも一一度以内に抑えて低温長期醪とすべきであり、それができないのならば、最初から吟醸を造るべきではない。

驚くことに世間には、四〇%物で八トンというような巨大な仕込みを行なっている酒造家もあると聞くが、どう考えても、まともに米が洗えるわけがなく、造る前から結果は知れている。その手の、米だけ白い羊頭狗肉《くにく》の吟醸が世間に出回ると、吟醸酒全体の価値を引き下げる結果となり、まともな酒造家が迷惑する。

吟醸酒とは、決して量(経済性)を追いかけるものではなく、わずかの量を丹精込めて造り、その心と技を世間に披瀝《ひれき》する至高の酒である。

また、五〇%物を中吟、あるいは試し吟などと呼んで軽視し、大幅に手抜きした造りをする風潮があるが、これは大いに問題である。

三五%から四〇%の大吟醸に死力を尽くすのはもちろんだが、日々の晩酌の酒として、価格的に今後の主力となるであろう五〇%物の吟醸を、決して中吟などと侮ることなく、いまから十数年前、わずかばかりの本数の吟醸醪を手塩にかけて仕込んでいたころを想い出して、大吟醸と同じ考え方で造ってほしいと私は要望する。

■YK35批判

吟醸の精米歩合が五〇%ぐらいになったのは昭和五〇年代に入ってからと記憶している。

「貴重な酒造好適米を五割も搗《つ》くのか」と杜氏たちも私も、その小さく白い米を掌《てのひら》に取って、造りへの闘志を新たにした。

五〇%の時代は、昭和五〇年代の終わりまで続いた。それは誇らし気に大吟醸と呼ばれ、造り手にとっても、地酒に着目した一部の消費者からも、至高の酒として注目を集めた。

五〇年代の終わり、一部の酒造家のなかには、四〇%まで搗《つ》く者が現われた。米が白くなればなるほど高度な原料処理が要求され、名人の杜氏なら素晴らしい酒を造り得るが、その他の杜氏がつけ焼刃で造っても、奇々怪々な〝米の白い普通酒〟ができるのみである。

従来よりも一〇%も白く搗《つ》く以上は、それなりの成果が要求されるのは当然だが、大過なく造りに成功したとしても、その数値に見合っただけの明らかな違いが酒質に現われるのだろうかと懸念され、どうしても私は慎重にならざるを得なかった。

結論から言うと、五〇％と四五％、さらには四〇％の、五％刻みの精米歩合の違いによる酒質の差異は微々たるものである。六〇％から五五％、そして五〇％に至る段階ほどには歴然とした違いは生じない。そしてその他の杜氏による四〇％の酒は、原料処理が難しくなる分、名人杜氏の六〇％の酒よりもかえって劣り、やたら白く搗《つ》けばよいというものではなく、それなりの技術を持った杜氏であればこそ、初めて米を白く搗《つ》く価値がある。

ところが「YK35」という言葉が、昭和六〇年代ころから広島を震源地として語られ始め、瞬く間に全国各地の酒造家に広まった。

いわく、山田錦と熊本県酒造研究所の酵母を使い、三五％まで精米歩合を上げて吟醸を仕込むと、鑑評会で入賞できるのだという。

難度の高い原料処理が杜氏には要求されるが、その論議を無視して、ただ単に米を白く搗《つ》きさえすればよしとするのは、はなはだ酒造りの現場から乖離《かいり》した暴論である。

熊本の酵母についても、わざわざ遠方から飛行機に乗ってまで譲り受けに行かねばならぬほどありがたいものか、正直言って疑問がある。

鑑評会を前提に考えれば、そつのない山田錦が有利な感は否めない。だがそれはもはや〝コップのなかの嵐〟にすぎず、飲み手の声が酒造家に届かない風通しの悪さが、「YK35」という閉鎖的思想の源であろう。

価格の面では、三五%も搗《つ》くと酒の小売価格は、どうしても一升なら一万円、四合なら四、五〇〇〇円ぐらいにはなるが、そんな高価な酒は、一般の飲み手には縁遠い代物である。

私自身数多くの吟醸酒を飲み比べてみて、酒質的に三五%まで搗《つ》かねばならない必然性は感じられず、酵母に関しては、香味のバランスや酸量からして、オーソドックスな協会9号酵母あたりで正解であり、目指す酒質によっては6号、7号なども選択肢の一つである。

それぞれの酒造家が、小さくても独立団体としての気概を持って、一定のレベル以上で、お互いの個性を競ってこそ地酒の価値はある。金太郎飴《あめ》的な状況を飲み手は望んではいないから、「YK35」などという野暮な考え方を排除して、自らの個性をどう表現し、それをいかにして飲み手に訴えるか、が今後の酒造家の課題である。

生酒の罪

いま、酒類で伸びているのは、焼酎《しょうちゅう》、「純米酒」、合成清酒、発泡酒ぐらいで、発泡酒で毎年三割近く伸びている。「純米酒」を除いた清酒、ビール、ワインも減っている。ワインは一時増えていたが、若いワインを「ヌーボー」として売り出してから、出なくなった。

清酒でも「生酒」の出荷量が増えているが、フレッシュを売り物にして出したら、清酒全体の売れ行きは落ち込んでしまった。

近年「槽汲《ふなぐ》み」とか「あらばしり」という名称で、搾ったばかりの新酒を売り出している酒造家がある。現在でも各地に酒造家の軒下に「酒林《さかばやし》」を吊して、新酒ができた目印としているが、この酒林の代わりをしているのが生酒のようだ。

この生酒が増えた原因はビールにあり、熱処理しないで出荷するビールを「ビヤホールの味」とか「工場直送」などを謳い文句に売り出した。このため熱処理したビールは鮮度が悪く、品質もよくないようなイメージが消費者に植えつけられた。

日本酒の場合、生酒は本来、春から初夏にかけて、新酒のフレッシュな風味を楽しんでいた季節商品で、秋以降は火当てした酒の落ち着いた風味を楽しむべきものだが、「生ビール」に刺激されて、生酒を通年販売するところが増えた。酒造家にとっても火当て、熟成という手間をかけずに出荷できるという経営的なメリットもあり、寝かさずにすぐに金になるのだから都合がいい。しかし日本酒本来の姿と違う酒が流れるにつれ、古くから日本酒を好んで飲んでいた人が離れていった。

ワインでも同じだが、でき立てのヌーボーワインとか、搾ったばかりの生酒とは「半製品」でうまくない。半製品を本物と称して売るから、酒のわかる客はついてこない。ワインも日本酒もある程度寝かせて、落ち着かせてうまくなるものだ。ワインのヌーボーなどは搾り立てで飲んでみるとチリチリするが、何年か置いてよくなる。清酒も同じで少なくとも半年以上貯蔵しないとダメだ。

日本酒は冬に搾っても夏を越し、秋になってうまくなる。冷やした搾り立ての酒は中間製品で、まだ六割ぐらいしか酒になっていない。これを飲ませるわけだからうまかろうはずがない。こんなことをしていたら、客は当然、離れていく。一〇〇%のできあがった酒にするのに「熟成」が大切なのにそれを忘れている。

また生酒は「生老《ひ》ね香」という重い異臭が発生する宿命を持っていて、これを防ぐには室温が零度以下の冷蔵庫で貯蔵する必要があり、流通面でも専用の保冷箱や保冷しての輸送が不可欠で、また酒販店側も生酒用の保冷庫や冷蔵庫がいる。つまり生酒は、蔵も流通業者も酒販店も多大な設備投資を強いられることになる。設備だけではない。その冷蔵施設を稼働させるための電気代も上乗せされる。

さらに暖かい季節に出荷されると、在庫している間に火落ちする危険もある。火落ちして酸っぱくなった酒を凍るほどに冷やして、味を消して出している料理屋もあるようだし、ここまで来ると、生酒は日本酒にとって罪ばかりで功は見出《みいだ》せない。

生酒という日本酒のある種の売り方が登場し、「フレッシュな味」という横文字言葉と新鮮感覚を売り物に、若い客を開発したように見える。ところが、この若者たちは「おいしい」と酒をほめるが量は飲まない。グラスに一杯しか飲まないので全体の消費量はどんどん減っていった。一方で本当の酒好きはこのように変わってしまった清酒を飲まなくなり、焼酎など他の酒に変わった。

冷酒を進める飲食店側にも問題がある。徳利や銚子《ちょうし》に入れて燗して猪口を添えて出すのは手間がかかるが、それに比べれば冷酒は瓶ごと冷やして、グラスに注いで出せば早い。これは飲食業界の横着でしかなく、省力化にすぎない。この流れに乗って酒造メーカーはガンガンに冷やした酒を売り出したが、量が出ない。それもそのはずで、冷酒を飲む人はひとりで小さなグラス三、四杯ぐらいで、一方で燗して飲む人は三、四合は飲んでいたのだから消費量が大きく違った。つまり冷酒が広がるとともに燗で日本酒を楽しんでいた人が減り、清酒全体の消費量が減ってしまったということだ。

清酒がもっとも消費されたのは昭和四八年ごろで年間九八〇万石（一七六万四〇〇〇キロリットル）だった。それが毎年減り続け、現在（二〇〇〇年度）で五四〇万石（九七万二〇〇〇キロリットル）で、五〇〇万石を割り込むのは時間の問題だ。搾り立ての酒や生酒など熟成していない未完成のものを売っているかぎり、消費者をばかにして、生産者自身のことだけを考えて売っている、としか思えない。こんなことをしているうちにますます清酒から消費者が離れていく。

■生酛《きもと》純米吟醸をぬる燗で

生酛、または山卸廃止酛《やまおろしはいしもと》を名乗る酒は世間に数多い。だが、その大半は、いささか首を傾げたくなるものばかりである。

戦後、酒造の合理化によって、生酛系の造りはほとんど姿を消した。そして杜氏にも技術指導者にも、生酛系の造りを識《し》る者がほとんどいなくなった結果、嘘の受け売りで話が混乱して、奇々怪々な名ばかりの生酛系の酒が氾濫《はんらん》している。

それらのなかには、どう見ても、鼠渡りの多酸醪《もろみ》を搾ったとしか思えないような酒もあり、とても飲めた代物ではないのだが、その多酸でゴワゴワした味こそが生酛系の特徴だと勘違いしている人が玄人、素人問わずたくさんいるから始末が悪い。

生酛系の造りの場合、多酸醪や、最悪の場合には腐造の危険が常につきまとう。不運にして、そのような状態に陥った場合には、何年間かは生酛系の造りは廃止して、蔵内を徹底的に清掃、殺菌した後、高温糖化酛で純粋な酵母を大量に培養して、蔵内に蔓延《はびこ》った長桿《かん》菌類の除去に努めるべきなのだが、その救済を怠ると、悪玉菌がさらに増殖して、やればやるほど多酸醪となってしまう。

同じ酸でも、まっとうな発酵酸は綺麗《きれい》な旨味に感じるが、この手の腐造寸前の醪から生じた酸は、エグく、酸っぱく、苦く、ゴワゴワして飲みにくい。それを飲み手の錯覚に便乗して「これが生酛系だ」と言われたのでは、まともな生酛系の造り手は立つ瀬がない。

そして、醸造乳酸の代わりに乳酸菌を添加する、限りなく速醸酛に近い〝快速山廃〟などという奇怪なものまであるが、無論、その味には生酛系ならではのよさのカケラもない。

生酛系という古い型の造りだから、それがすなわち高品質の証明なのではない。下手に造れば、むしろ速醸系の酒母に劣り、その造りに必要な環境、設備、知識、人員を整え、酸いも甘いも嚙《か》み分けた経験豊富な杜氏の手によってこそ、速醸系の酒母では得られない独特の風味を持った生酛系の酒を初めて造り得る。それが現代風の、のんべんだらりとした言葉だけの安全醸造の対極に位置する思想なればこそ、造り手には並外れた心臓、辛抱、勘が要求される。決してつけ焼刃は通用しない、甘く見ると大怪我をしてしまう世界である。

ただし、実際にやる、やらないは別として、現代の造り手たちも、生酛系の造りの意義を知っておく必要はある。先人たちが長い歴史のなかで、腐造の危険と闘いながら築き上げた複雑きわまりない技法のなかに、われわれが戦後の混乱のなかに置き忘れてきた古くて新しい、明日の日本酒を切り拓《ひら》く底力を秘めた叡智が凝縮されている。

生酛系の酒母と速醸系の酒母は、どこが違うのか。技術的には、生酛系は中性の状態から酒母の育成が始まり、速醸系は酸性から始まるので、それに伴って作用する蛋白分解酵素に違いが生ずるということであるが、それは、どんな厳しい環境で鍛えられ、どんな修羅場をくぐり抜けてきた酵母なのかという問いかけである。

私は戦後、長く続いた腐造の救済に携わるなかで、その汚染源とする生酛系の造りを積極的に排除し、安全醸造を第一義として速醸系の酒母造りを推進してきた。だが、いつも思っていた。やっと世の中が落ち着き、米が次第に白くなり、吟醸造りがさかんになるなかで、温故知新の日本酒の王道たる、吟醸造りによる生酛系の純米酒に接してみたいと。

その私の念願を叶《かな》えてくれたのは、福島県・大七酒造の杜氏、故伊藤勝次氏（南部）である。

平成になった後、縁あって年に何度か福島に足を運ぶようになり、「大七」の仕込蔵の酒母室で半切桶に摺《す》られた生酛を匙《きじ》で掬《すく》って舐《な》めさせてもらったときに、そのまろやかな味わいに、長年の夢に出会えた満足感を私は禁じ得なかった。

平成八年秋、伊藤杜氏は惜しまれつつ世を去った。だが彼の手になる酒の数々の、他に比ぶべきもない冴《さ》え冴えとした味わいは、いまも私のうちに鮮やかに蘇《よみがえ》る。

そして私の盟友であり、若いころから苦楽をともにした鳥取県「鷹勇《たかいさみ》」の坂本俊《とし》杜氏(出雲《いずも》)が、故伊藤杜氏との唯一《ただ》度の出会いにヒントを得、彼自身、約半世紀ぶりに万全の構えで山卸廃止酛を復活し、その酒母で純米吟醸を仕込んだ。酛を分け、初添《そえ》の当日になっても、坂本杜氏の意気込みそのままに泡を立てて酛が湧き、その並外れた力強さには感心させられたものである。

そして私はいま、それら生酛系の純米吟醸を人肌の燗で飲む。まろやかでしっとりとした吟味《ぎんあじ》と涼しい含み香が見事に調和して、厳しい環境のなかで強健精鋭の酵母を逞しく育てることの意義を教えてくれる。そして酵母数さえ多ければよしとする現代の風潮が、いかに歴史的な裏づけに乏しく、無責任な思想であるかを喩《さと》すように、はるかなる時代深度の彼方《かなた》から、それらの酒は語りかけているようである。

市場開拓の必要

地酒に対する関心の高まりは、昭和五〇年ころから、一部の酒販店たちによって、画一化した無個性な大手銘柄への反動という形で始まった。

これはオイル・ショック以降の不況が、販売業としての危機感を彼らにもたらした影響によるものと思われる。

当時はまだ、書店に行っても地酒関係の本などは見当たらず、彼らは乏しい情報をクチコミで交換しつつ、各地の酒を探して歩いた。田舎町に旅して、煙突を目印に田圃《たんぼ》のなかを歩いていき、飛び込みで酒を唎《き》き、蔵元と意気投合して朝まで語り明かしたというような話も残っている。

そして彼らは、酒を仕入れて持ち帰り、酒の履歴や気候風土を語りつつ、それら無名の酒を飲み手に広めていった。当時、まだ「純米酒」は数少なく、その大半は本醸造酒であったが、彼らの地道な努力によって酒の世界の閉塞《へいそく》状況に小さな風穴が空けられ、地酒ブームが始まった。

しかしそれは、酒造りではアマチュアである酒販店側からの情報発信であり、どちらかと言えば酒造家は受け身の立場で、アマチュアの熱意に便乗した形の市場参入であった。このためブームは酒造技術と酒質の裏づけに乏しく、雑味の多さを大量の炭で削った平板な酒質を「淡麗」と勘違いしたり、「小蔵イコール良酒」「雪国イコール良酒」などの誤った価値観が生まれ、その基準なきあいまいな概念を補うものとして、鑑評会の入賞酒だけに片寄った権威主義的な概念が酒販店側のなかに芽生えていった。

そして、彼らアマチュアには明確な味の基準がないため、品揃えの数が多ければ多いほどよしとする玉石混淆《こんこう》の状況で、彼らの基準なき熱意に相乗りする形で、大手銘柄の卸売りに行き詰まった酒問屋が地酒に参入し、見かけ倒しの文化論で酒造家と酒販店との組織化を図り、北海道から九州までの地酒が、無秩序に酒販店の店頭に並べられた。

さらに、炭だらけの酒に対して差別化を図る意味で、着香や新種の酵母による上立ち香だけが突出した酒や、キンキンに冷やしてしか飲めない無濾過《ろか》の生原酒などが一部で出回り、現在に至っている。どれもこれも歴史的、発酵学的に裏づけのない、ひいきの引き倒し的なものでしかなく、幅広い消費者層に受け容《い》れられているとは言いがたい。

かつての酒販業は、いくつかの酒造家から原酒の状態で酒を仕入れ、その原酒を自らが調合し、さらに飲みやすいアルコール度数まで割水して、通い徳利などで消費者に販売していた。そこでは当然のことながら、唎き酒の優劣が商売の成否を大きく左右するので、プロの唎き手としての能力が彼らには要求された。

ところが、やがて一升瓶が普及して、最初から市販規格の状態に割水した酒を仕入れて販売するように業態が変化するにつれて、彼らから唎き酒の能力は消失し、右から仕入れたものを左へ売るだけの流通業へと酒販業の体質は変化した。

その酒販業界にも、ディスカウントストアの増加や、酒販免許制度廃止の動きなどの時代の流れが押し寄せて、廃業や倒産にいたる酒販店が各地で続出している。そして酒販店のみならず、主としてビールの卸売りを経営基盤としてきた酒問屋も深刻な経営悪化の危機に見舞われている。

消費者にとっては、同じ商品ならば安く買えるに越したことはなく、その意味でディスカウントストアの増加は大方の消費者に支持されている。その一方で、品質の訴求なき安売り専門のその業態が、ビールの安売りのみならず、品質的に合成清酒とほとんど区別のつかない低価格清酒の増加に拍車をかけ、それが清酒業界全体の足を引っ張る。そして良質の酒を入手できないので消費者も損をする、という末期的な症状を呈している。

この現状では近い将来、既存の酒販店は大半が姿を消し、酒問屋も大幅に淘汰《とうた》され、大小のスーパーやコンビニエンスストア、商社などの新規参入が予測される。

食料品や衣類などと同じく、その業態を支配するのは資本の論理だ。ここには文化の担い手としての意識はなく、取引の有無を決めるのは一にも二にも利益率であり、彼らが商品価値を認めないものは自動的にお払い箱となる。要するに、第1章で述べたが、スーパーの目玉商品である卵と同じ運命を清酒がたどる危険性がきわめて高く、文化論なき流通形態によって生産点と消費点は分断されて、飲み手の声が実際の酒造りに反映しない状況は、深刻化する。

手造りの酒だから、雪国の酒だからと、子ども騙《だま》しのイメージを振りかざしてみても、飲み手の舌と心をがっちりつかむことのできる酒質でなければ、新しい時代の新機軸とは成り得ない。

これからの生き残り競争は一対一のサバイバルレースだ。自らの販路をいかにして確保するか、であり、そのためには「急がば回れ」で自らの社内体制を整備し、その上で積極的に市場啓蒙《けいもう》を行なうことが必要である。

そのためには、徹底した社員教育を施し、社員一人ひとりの商品知識を高めるのが第一の課題だ。酒販店や消費者に酒の特徴を説明しようにも、原料米の種類と精米歩合くらいしか言えないのでは話にならず、何と言っても酒は飲み物だから、いろいろな酒を真剣に飲み比べ、世の中全体の流れを知り、そのなかで自社の置かれている位置を認識しなければならない。

そして、幅広い消費者層に受け容れられる酒質であることも今後の地酒の必要条件だから、全国どこへ行っても、自社の方向性と酒質をきちんと説明できる知識を持ち、造り手の声を飲み手に伝え、飲み手の意見を蔵内にフィードバックして今後の酒造計画の羅針盤的役割を果たす。「攻めの営業」の能力を持った、プロのマーケティングの担当者を自前で育成することも重要な課題なのだ。

造り手と売り手の関係を築くためには、酒販店は酒造家を一度は見学し、酒造家も酒販店に足を運んで、品揃えや貯蔵設備などを確認し、酒に対する互いの考え方を確かめ合い、具体的な取引条件を煮詰めた上で、業態調査のアンケートや契約書を交わしてから商品を出荷するべきではなかろうか。いつまでも従来の「盆暮れの丼勘定」で取引をしていたのでは、経営の合理化は画餅《がべい》に帰す。

ともかく、酒の歴史や文化を世間に知らしめて裾野を広げた後、自社の酒質に理解を示す酒販店を確保し、そして彼らをプロの売り手として育成することが重要な課題である。

各地で行なわれる酒の会に私が出席してみて思うことは、現代の飲み手たちは、酒造家たちが考えるよりもはるかに熱き志で、酒について知ろうとしている。単なる致酔飲料としてだけでなく、「食文化の華」としての酒の歴史的背景や、発酵のメカニズムを知りたがっている。それは新しい文化の芽生えであり、その彼らの熱き心をしっかり受け止め、実際のビジネスに活用するには、蔵元や造り手自身が酒徒として、酒をこよなく愛し、自らの言葉で酒を真摯《しんし》に語ることが大切である。

■燗酒指南

私は暑くても、寒くても燗《かん》して日本酒を飲む。最初にビール、それから日本酒、最後にウィスキーというような飲み方はほとんどしない。私は大吟醸でも、特別本醸造でもアルコールを添加した酒は好まない。こうした酒を燗して飲むと、一〇ある酒のうち三つぐらいはアルコールのにおいが浮いてくるからだ。「純米酒」はよくても悪くてもアルコールのにおいは出ない。冷やして飲むとにおいが消え、わからないが、ちょっと古くなったアルコール添加の酒からはアルコール臭が出てくる。風邪をひいて鼻が詰まっているときは別にして、このアルコールのにおいが鼻につき、飲む気を失わせる。こんなアルコールのにおいがある酒ならイモや米、麦などで造る「焼酎乙」を選ぶ。そのほうがおいしく感じるからだ。

それに「生酒」というものをあまり飲まない。これは半製品だからだ。搾った酒をじっくり眠らせて、ちょうど飲みごろになった日本酒を「ぬる燗」にして飲む。これこそが日本酒を一番おいしく飲む方法と確信している。日本酒の旨味が一番広がる飲み方だろう。それに料理との相性も広がり、徳利、猪口と陶芸の温もりが食卓に加わる。

燗酒というと、糖類を添加した普通酒を熱燗にして、アルコール臭や雑味を飛ばして飲む、と思われている方もいるだろうが、「騙された」と思っていままで冷やして飲んでいたよくできた「純米酒」を人肌に燗をして飲んでみてほしい。しっとりと漂うほのかな香り、穏やかに口のなかに広がる旨味を楽しむうちに、ほんのりと身体が温まってくるに違いない。「こんなに日本酒がおいしかったのか」と気づくはずだ。

では燗の仕方を教示しよう。「純米酒」でも、それぞれの酒質によって燗の適温は違う。丁寧な造りの吟醸タイプの純米なら、水からじわじわと湯を沸かし、徳利で四二度程度まで温め、それを猪口に注いだものが「人肌の燗」で、これが最高だ。反対に雑味のある荒い純米の場合、いったん五〇度以上に温度を上げて、しばらく室温で放置し、四三度から四五度まで下げると、このときが飲みごろだ。時にはわざと燗冷ましにして飲んでみる。酒にとって燗冷ましは最悪の状態だが、それでも味が崩れずにおいしく飲める酒が「一流の酒」と呼べるもので、酒質を判定するには燗冷ましを飲むのがもっとも確かな手段だ。

「純米酒を燗酒で」という飲み方が増えれば、日本酒のよさが見直され、米の需要拡大になり、半世紀以上も続いたアルコール添加の日本酒時代に終止符を打つことができるのだ。

救世主は「純米酒」

一日の疲れを癒し、明日への活力を得るために飲み手は酒を求める。だからこそ、小手先で造り出したものではなく、じっくりと腰を据えて醸し出し、本物の旨味と味を楽しめる日本酒が求められるのだ。

新酒のときには荒々しく渋かった味が土用を越してまろやかになり、酒の懐に潜んでいた香りも浮かび、「秋上がり」のときを迎える。春先、小僧のような邪気の強い日本酒が、夏の暑さに鍛えられ、落ち着きとまるみを増した「秋上がり」の酒に変身する。もちろん力を増した日本酒は、燗上がりに耐え、しっかりした味となる。これからの日本酒を語るとき、このような力強い酒が欠かせないのだ。もちろん、それは「純米酒」だ。

技術者レベルでは「純米酒に切り替えよう」と積極的になっても業界全体ではなかなか同調しない。アルコールを入れれば原価が下がるし、値引きしてもまだ儲かるし、という人がまだ多くいる。しかし自分たちを取り巻く厳しい現実に気づき、「純米酒」のウエイトを高めるメーカーもある。日本酒の未来を語り、衰退の一途をたどる日本酒業界を救うものは「純米酒」しかないのだ。

■酒造業はバラ色だ

いま、酒造業者は約一六〇〇。日露戦争時代は約一万四〇〇〇で、どの町にもあった。それが明治の第一次近代化で約三九〇〇に減った。

現在は酒造業の七割は赤字というが、まだいいほうだ。他の業界では一〇〇％赤字という業界があるほどだ。それに倒れそうだけれども倒れないという酒造家はいっぱいある。だから酒造業をあまり悪いと思わないほうがいい。たぶん全国の中小企業でも上の部類だ。ものすごく悪いと思っている人が酒造家のなかに多いようだが、私に言わせれば、酒造業は他の業界と比べて優良なほうだ。やりようによっては利益を出そうと思えば出る。その年の造りのときにキチッと計画を立てて、リベートを考えて、このくらいで卸して、と考えて、赤字を出さなくて済む酒造りをどうするか、を考えたらバラ色だ。

さらにいまのところ酒造は免許業だ。人がやらない、やろうとしてもなかなか参入できないというのが特徴だ。免許のない人が造って売り出せば密造になる。その分、政府が規制しているが、保護もしている。どの分野を見ても、これがあるから倒れるところが少ない。ほかの企業では国は規制もしなければ保護もしない。自由業だから栄枯盛衰が激しく、業績もどんなに頭をひねってもゼロばかりで、どうしようもない現状のところが多い。

こんななかで清酒製造業は実はやり方次第でよい企業に変わっていけるのだ。これがわかっていない人が多い。現在、一六〇〇近くある酒造業者のうち、うまくやったら半分は生き残る。うまくやらなかったら生き残るのは五〇〇ぐらいだろう。世の中が悪くなると、たとえば終戦直後、どんな業界が生き残ったか、というと、生き残ったのは食い物の業界だった。いわゆる衣食住、着るものは裸じゃ困るが何とかなる。住まいは公園に寝ていてもどうにかなる。ただ食はそうならない。食うのはどんなことがあっても欠かせない。終戦直後、どんなことがあっても食の産業は残った。衣食住ではなく「食衣住」なのだ。

事実、終戦直後、酒造家はたいした景気だった。官庁にいたとき、酒造業者に出張すると大名だが、官庁のあった広島に帰ると食も乏しかった。酒造家に行って、ないものはなかったし、広島に戻ると何もなかった。終戦直後の大混乱のときはこんな情勢だった。

そんな時代を知っているだけに、酒造業は現代企業のなかで有力な企業だと思う。見方を変えても、戦後、日本でできて製品の原料となるものは米と石炭だったが、いまでは石炭はほとんど取れず、残っているのは米だけだ。輸入が止まったらどうなるか、電機産業でも全部手をあげる状況だ。紙もそうだ。パルプが入らなくなったら新聞も雑誌もできなくなる。しかし、食い物はどんなときでも必ず残る。食糧事情が悪くなれば酒造業は超優良企業になる。昔から酒の粕と糠で人件費をまかなうといったものだ。いまはそんな時代ではないが、食糧危機が来れば、糠と酒粕を売っただけで人件費でお釣りがくる。やり方次第では倒れない。

だからいま、酒屋をやめてはダメだ。よい製品を、本物の酒を造り続ける強い意志と信念を持って、どんなに赤字で苦しめられても、絞め殺されるまではがんばらなくてはならない。

あとがき

よい酒を造る。これが酒造家にとって最重要の課題である。

ただ、造るだけでは不十分である。年々、消費者の舌は肥え、不況は回復の兆しを見せず、待っているだけでは酒は売れないから、造った酒をいかにして売り、そして再生産するかを真剣に考えなければならない。

市場を育てるには酒販店や消費者を啓蒙《けいもう》し、「純米酒」の歴史的な裏づけと、そのよさを認識させなければならない。そのためには彼らが酒に接する機会を多くつくると同時に、出荷管理や営業などの各部署で、真の専門家として世間に通用する人材を育成することが急務である。

従来の酒造家は、造った、売った、買っただけで飯が食えた。だが、これからは、旧態依然とした盆暮れ勘定の取引や、酒造組合による護送船団方式の会社運営は通用せず、個々の酒造家が真正面から消費者と向き合う、「真剣勝負の時代」である。

安さだけを求める客層は、安売り店に流れる。そして凡庸なる酒は相手にされず、他の酒類の競争相手は多く、ますます消費者の選択は厳しさを増す。もう「造ったのだから買ってくれ」というメーカーのご都合主義だけで市場を支配できるほど甘い時代ではない。

蔵元自身も含めて、酒の造り手として、また酒の語り部《べ》として通用するプロの人材を見つけ、どう育成するか。そして、どのように具体的な方法論で市場を育成するか。それが今後の最重要、かつ緊急を要する課題である。

そのためには酒造家自身の根本的な意識改革、業界全体の体質改善が必要である。伝統産業の構造は一朝一夕には変わらないものではあるが、発足して一〇年を超えた蔵元交流会の活動の意義は限りなく大きい。技術の研鑽《けんさん》の場として、造る側、売る側の有益な情報交換の場としてさらに機能、発展すれば、さまざまな負の要素を克服して、日本酒復興の大きな力とも成り得ると思うのである。

平成一四年五月

上原　浩

解説

太田和彦

「酒は純米、燗ならなお良し」

日本酒好きであれば誰もが知る上原浩先生の名文句だ。中にこれを記した白い平盃は、日本酒に力を入れる居酒屋でよく使われている。

この本に著された指摘で、酒蔵の正しい日本酒への意識は高まった。先生を常任顧問とする蔵元交流会の、ホテルの大会場を使ったイベント「燗酒楽園」の終宴のころ、先生の音頭で「酒は純米、燗ならなお良し」に参加者全員が応えて乾杯した光景をよく憶えている。

＊

およそ三〇年近く前、私は居酒屋好きを集めて「居酒屋研究会」なるものを作り、日夜「研究」にはげんでいた。八〇年代後半ごろのバブルグルメブームへの皮肉で始めたことだったが、おりから新潟に始まった端麗辛口の地酒ブームに重なって、それまでどういう日本酒を出すかに関心のなかった居酒屋も地酒を置くようになり、研究会も値段の高い「越乃寒梅」などを飲んで日本酒のうまさに目覚めていった。

研究会メンバーでただ一人日本酒に詳しかった藤田千恵子さんは、会員によい日本酒を経験させるべく「利き酒会」を提案した。一九八九年四月のことだ。

会場は当時東池袋にあった居酒屋「味里」(現高田馬場真菜板)。方式は藤田さんが用意した酒をブラインドで飲み、香り、キレ、コク、味、旨み、喉ごし、お色気、女優イメージ、総合評価、の九項目を記入する。参加者四名で行った。

そのとき出品された六銘柄で最高点となったのが埼玉の「神亀」だ。(ちなみに他は、栄光冨士(山形)、澤乃井(東京)、〆張鶴(新潟)、酒一筋(岡山)、諏訪泉(鳥取))。神亀については、「お色気」の項目では「いい女、品のある女(夫アリ)、妖艶」、女優イメージでは「若尾文子、ジェーン・バーキン、久我美子、八千草薫」と記入されている。総合評価は「最初、さわやかで口当たりがよいが、盃を重ねるとコク、旨みじんわり」「逸品。世が世なら、道をへだてて口もきけないものを飲めて幸せ」「はなれられなくなってしまうなあ」「奥深い味なんだけれど、その正体が見えなかった。残念」と記された。専門家ではないゆえのイメージ表現だが、これは案外わかりやすかった。

利き酒会を開いた一九八九年の前年は「神亀」が全量純米酒に踏み切った年だったのも今から考えれば因縁のような気がする。神亀の小川原さんは、当時無謀と言われた全量純米酒を、(税務署など) 数々の困難を乗り越えて孤軍実現させた人で、のちに蔵元交流会を立ち上げた一人でもあり、上原先生の著作にもたびたび登場する。居酒屋研究会はその後、埼玉蓮田の蔵見学にも行き、純米酒・燗酒路線を突っ走ることになる。

澎湃《ほうはい》としておきた「本物の日本酒」を飲みたい地酒ブームは、高級な吟醸酒ブームになり、各蔵はそれまでの大手メーカーの桶買い (地酒を買い集めてブレンドして自社の酒として売るシステム。地酒蔵は必ず買ってもらえるので品質に気を配ることが薄れる) に応えることにあきたらず、品質に挑戦してゆくようになる。

それはとても良いことだったが一方、「良い酒は燗しちゃダメ」という誤った言辞も一斉に流布した。あちこちに出来始めた、全国の地酒を並べた「銘酒居酒屋」で主人から「この酒は燗できません」を何度聞いたことか。むきになって理由を聞いても答えられず、そう言っておけば上等に聞こえるだけのことだった。上原先生はこのことにも提言をくりかえし、我々を心強くさせた。神田の名居酒屋「新八」で全国の名酒を次々にお燗させ、この酒は温度何度がよい、燗の方法はと試していったという話も聞いた。

私は居酒屋の本をいくつも書き、良い店の紹介につとめているが「この酒は燗できません」と言う店はその時点ですべて失格になる。居酒屋は酒を味わい楽しむところであり、その飲み方は客の好みと思うからだが、そういう店に限って日本酒を勉強していなく、たぶん燗をしたこともなく、勿体ぶっているだけなのだ。

一方、その銘柄に対して、お酌の適温も方法もひとつひとつ最上レシピを追求する「燗酒を売り物にする居酒屋」もとても増えてきた。六十度まであげて急冷する、燗をしたちろりから空中を細い流れで入れ替えて空気をふくませながら冷やす、しばし放置して燗ざましにするなど、お燗の技もさまざまだ。ある銘柄を注文して出たお燗をひと口やった後「四十五度？」「いいえ四十四度です」「うーん、はずれたか」などと温度当てを楽しむこともよくやった。

家の晩酌はそこまでできないが、必ず錫のちろりに温度計を入れて適温を待つ。燗がついたらそのままでなく、少しずつ徳利に入れ替え、それから盃に注ぐ。いやその前に一升瓶をがっぽがっぽ揺すって、眠っていた酒を蘇生させ、空気を混ぜて軽くするという大切な手順もある。

「（純米酒のような）良い酒はお燗しない」という誤解は少し修正され「吟醸酒はお燗しない」に変わったが、それも試していない迷信で、やってみた結果の華やかなおいしさでいつしか消えた。最後まで「これはお燗しちゃ勿体ない」と禁止的に残ったのが「生酒」のお燗だ。火入れせず生きたまま瓶内醗酵を保つため、保管も輸送も冷蔵してきた生酒を燗したら水の泡だと。

しかしそんなことはない。それを「今、火入れする」。生酒の燗は温度が上がると泡立って、ナッツ系の香ばしい香りが立ち、その旨さは比類ない。酒はその時きっと劇的に変化しているのだろう。私は生酒こそお燗に最も適すると思うようになった。

要するにお燗にタブーなし。その酒が燗の方がおいしいかは試してみるよりないわけだ。もちろん冷蔵、あるいは常温の方が良いと判断した銘柄もいくつもある。そういうことが日本酒のおもしろさであると思う。

今、日本酒は「史上最高の」レベルにあり、名酒はいくらでもある。業界の課題だった杜氏の後継者も、蔵をまかされた若手が次々に意欲的な名酒を発表し、その問題は解決した。雑誌などでも「日本酒特集」は最も売れる企画だ。先生が唾棄《だき》した「三増酒《さんぞうしゅ》」は、その言葉が知られるようになって恥ずかしい存在になった。国内の日本酒販売は停滞と聞くが、海外出荷は年ごとに伸びているそうだ。それはまさに日本酒のおいしさが世界に認められたことにほかならない。来たるべき東京オリンピックで日本酒はさらに親しまれ、海外であたりまえに置かれる酒になることを願う。

この本は専門的で難しいが、今の日本酒品質黄金時代をつくった指導者の大切な一冊だ。「酒は純米、燗ならなお良し」は不滅の言葉として残るだろう。

本書は二〇〇二年六月、ダイヤモンド社から刊行された『いざ、純米酒——一人一芸の技と心』を改題し、文庫化したものです。なお、本文の情報は単行本当時のものです。

純米酒《じゅんまいしゅ》　匠《たくみ》の技《わざ》と伝統《でんとう》

上原《うえはら》　浩《ひろし》

平成27年 3月25日　初版発行
令和6年 12月10日　6版発行

発行者●山下直久

発行●株式会社KADOKAWA
〒102-8177　東京都千代田区富士見2-13-3
電話　0570-002-301（ナビダイヤル）

角川文庫 19095

印刷所●株式会社KADOKAWA
製本所●株式会社KADOKAWA

表紙画●和田三造

ISBN978-4-04-409480-5　C0195

角川文庫発刊に際して

角川源義

第二次世界大戦の敗北は、軍事力の敗北であった以上に、私たちの若い文化力の敗退であった。私たちの文化が戦争に対して如何に無力であり、単なるあだ花に過ぎなかったかを、私たちは身を以て体験し痛感した。西洋近代文化の摂取にとって、明治以後八十年の歳月は決して短かすぎたとは言えない。にもかかわらず、近代文化の伝統を確立し、自由な批判と柔軟な良識に富む文化層として自らを形成することに私たちは失敗して来た。そしてこれは、各層への文化の普及滲透を任務とする出版人の責任でもあった。

一九四五年以来、私たちは再び振出しに戻り、第一歩から踏み出すことを余儀なくされた。これは大きな不幸ではあるが、反面、これまでの混沌・未熟・歪曲の中にあった我が国の文化に秩序と確たる基礎を齎らすためには絶好の機会でもある。角川書店は、このような祖国の文化的危機にあたり、微力をも顧みず再建の礎石たるべき抱負と決意とをもって出発したが、ここに創立以来の念願を果すべく角川文庫を発刊する。これまで刊行されたあらゆる全集叢書文庫類の長所と短所とを検討し、古今東西の不朽の典籍を、良心的編集のもとに、廉価に、そして書架にふさわしい美本として、多くのひとびとに提供しようとする。しかし私たちは徒らに百科全書的な知識のジレッタントを作ることを目的とせず、あくまで祖国の文化に秩序と再建への道を示し、この文庫を角川書店の栄ある事業として、今後永久に継続発展せしめ、学芸と教養との殿堂として大成せんことを期したい。多くの読書子の愛情ある忠言と支持とによって、この希望と抱負とを完遂せしめられんことを願う。

一九四九年五月三日